W0263800

Teubner Studienbücher

Biologie

Clarke: **Humangenetik und Medizin**
144 Seiten. DM 18,80

Dzwillo: **Prinzipien der Evolution**
Phylogenetik und Systematik. 152 Seiten. DM 26,80

Françon: **Physik für Biologen, Chemiker und Geologen**
Band 1: 208 Seiten. DM 19,80
Band 2: 171 Seiten. DM 18,80

Lockwood: **Membranen tierischer Zellen**
124 Seiten. DM 17,80

Röhler: **Biologische Kybernetik**
Regelungsvorgänge in Organismen. 180 Seiten. DM 22,80

Ruthmann/Hauser: **Praktikum der Cytologie**
172 Seiten. DM 22,80

Schönbeck: **Pflanzenkrankheiten**
Einführung in die Phytopathologie. 184 Seiten. DM 24,80

Skrzipek: **Praktikum der Verhaltenskunde**
220 Seiten. DM 25,80

Vangerow: **Grundriß der Paläontologie**
132 Seiten. DM 19,80

Wynn: **Struktur und Funktion von Enzymen**
102 Seiten. DM 15,80

Geographie

Bahrenberg/Giese: **Statistische Methoden und ihre Anwendung in der Geographie**
308 Seiten. DM 29,80

Born: **Geographie der ländlichen Siedlungen**
Band 1: Die Genese der Siedlungsformen in Mitteleuropa
228 Seiten. DM 26,80

Heinritz: **Zentralität und zentrale Orte**
Eine Einführung
179 Seiten. DM 25,80

Herrmann: **Einführung in die Hydrologie**
151 Seiten. DM 24,80

Müller: **Tiergeographie**
Struktur, Funktion, Geschichte und Indikatorbedeutung von Arealen
268 Seiten. DM 28,80

Müller-Hohenstein: **Die Landschaftsgürtel der Erde**
204 Seiten. DM 28,—

Fortsetzung auf der 3. Umschlagseite

Teubner Studienbücher der Biologie

C. A. Clarke
Humangenetik und Medizin

Teubner Studienbücher der Biologie

Herausgegeben von
Prof. Dr. H. Stieve, Jülich, und Dr. E. Hildebrand, Jülich

Die Studienbücher der Reihe Biologie sollen in Form einzelner Bausteine grundlegende und weiterführende Themen aus allen Gebieten der Biologie umfassen. Daneben werden auch die übrigen Naturwissenschaften in einem Maße berücksichtigt, wie sie für den Umgang mit den Denk- und Arbeitsmethoden der Biologie notwendig erscheinen. Die Bände der Reihe sind wegen ihrer studienbezogenen Konzeption besonders zum Gebrauch neben Vorlesungen oder auch anstelle von Vorlesungen sowie zur Fortbildung der Lehrer geeignet. Für den Studierenden der Mathematik, Physik oder Chemie, der an biologischen Problemen interessiert ist, bietet die Reihe die Möglichkeit, sich an exemplarisch ausgewählten Themengruppen in die Biologie einführen zu lassen.

Humangenetik und Medizin

Von Sir Cyril Astley Clarke, M. D., Sc. D.
Professor emeritus an der Universität Liverpool

Aus dem Englischen übersetzt von
Dr. Lore Bier, Münster,
und Dr. Maria Brommundt, Braunschweig

Mit 30 Abbildungen und 6 Tabellen

 Springer Fachmedien Wiesbaden GmbH

Sir Cyril Astley Clarke, M. D., Sc. D., F. R. S.

Geboren 1907. Studium in Cambridge. Von 1932 bis 1936 Arzt und Demonstrator in Physiology am Guy's Hospital. Von 1936 bis 1939 Lebensversicherungspraxis. 1937 Promotion (M. D. University of Cambridge). Von 1939 bis 1946 Wehrdienst als Marinearzt. Nach 1946 Medizinischer Direktor am Queen Elizabeth Hospital in Birmingham. 1963 Promotion (Sc. D. University of Cambridge), Gastprofessor für Genetik in Jersey City, USA. Von 1963 bis 1972 Direktor der Nuffield Unit of Medical Genetics, University of Liverpool, von 1965 bis 1972 Professor der Medizin, University of Liverpool. Von 1972 bis 1977 Präsident des Royal College of Physicians. Seit 1977 Direktor der Medical Services Study Group, Royal College of Physicians London. Ehrendoktor verschiedener Universitäten; Träger zahlreicher hoher Auszeichnungen: Knight Commander of the British Empire, 1974; Gairdner Award, 1977.

CIP-Kurztitelaufnahme der Dhm schen Bibliothek

Clarke, Cyril Astley:
Humangenetik und Medizin / von Cyril Astley
Clarke. Aus d. Engl. übers. von bore Bier u
Maria Brommundt. — Stuttgart : Teubner, 1980.
  (Teubner Studienbücher der Biologie)
  Einheitssacht.: Human genetics and medicine
  ⟨dt.⟩
  ISBN 978-3-519-03610-4   ISBN 978-3-322-92785-9 (eBook)
  DOI 10.1007/978-3-322-92785-9

Umschlaggestaltung: W. Koch, Sindelfingen

Vorwort der Herausgeber

Die neuen Lehrpläne für Höhere Schulen sehen vor, den Menschen in
den Mittelpunkt des Biologieunterrichts zu stellen. So wird der
Wunsch verständlich, auch die speziellen Probleme der Genetik des
Menschen im Unterricht zu behandeln. Humangenetik besteht nun aber
im wesentlichen in der Analyse erblicher Anomalien und der Bedingungen für ihre Manifestation. Eine weitverbreitete Kenntnis der
menschlichen Erbkrankheiten erscheint umso notwendiger, als die
Träger solcher Anomalien aufgrund des medizinischen Fortschritts
heute weit häufiger zur Fortpflanzung kommen als zu Zeiten, in denen sie vor Erreichen der Geschlechtsreife der Selektion zum Opfer
fielen. Den stoffwechselphysiologischen Störungen läßt sich bei
vielen Erbkrankheiten mit Hilfe der modernen Medizin wirksam be-
gegnen; in anderen Fällen ermöglicht die Kenntnis ihrer Verer-
bungsmechanismen eine präventive Familienberatung. Humangenetik
und Medizin sind dadurch eng miteinander verbunden.

Dieses Studienbuch schildert anhand zahlreicher Beispiele Methoden und Ergebnisse der Humangenetik, die Biochemie der wichtigsten erblichen Anomalien und Aspekte der praktischen Medizin, wie
Therapiemöglichkeiten und genetische Beratung. Das Buch wendet
sich in erster Linie an Studierende der Biologie mit dem Ziel des
Höheren Lehramts und an Lehrer, die sich im Rahmen der Fortbildung diesen, für die Kollegstufe unentbehrlichen Stoff aneignen
möchten, sowie an die Schüler der Kollegstufe selbst. Außer den
Grundlagen der klassischen Genetik und der Cytologie, wie sie in
einführenden Unterrichtsveranstaltungen vermittelt werden, sind
für das Verständnis des Stoffes keine speziellen Vorkenntnisse
erforderlich. Eine Vertrautheit mit den Grundbegriffen der Varia-
tionsstatistik erleichtert die Lektüre, wird aber nicht vorausgesetzt. Die wichtigsten Begriffe der Genetik sind in einem Glossa-
rium zusammengestellt und definiert.

Jülich, im Herbst 1979   H. Stieve und E. Hildebrand

Vorwort des Verfassers zur ersten Auflage

Es ist ein weitverbreitetes Gerücht in medizinischen Fakultäten, daß Lehrer dazu neigen, die Medizin als ein Gebiet für weniger begabte Schüler zu halten und den naturwissenschaftlich Begabtesten raten, Mathematik, Chemie oder Physik zu studieren. Der Autor hofft, daß dieses Buch ein wenig hilft, diese Ansicht zu korrigieren. Es sollte jungen Leuten klargemacht werden, daß die Medizin ein höchst aufregender intellektueller Gegenstand ist und daß infolge der starken Zunahme biologischen Wissens viele Probleme der Medizin kurz vor ihrer Lösung stehen und die Entdeckungen am ehesten von denen gemacht werden, die ihr Fach in Beziehung zur allgemeinen Biologie betrachten.

Mehrere Autoren und Herausgeber haben mir freundlicherweise erlaubt, Abbildungen und Tabellen aus ihren Veröffentlichungen wiederzugeben; sie werden an den entsprechenden Stellen zitiert. Ist ihre Arbeit im Literaturverzeichnis am Ende des Buches aufgeführt, so wird auf die Literaturquelle unter der Abbildung oder Tabelle hingewiesen. Mein besonderer Dank gilt Herrn Per Saugmann und den Herren Blackwell für ihr freundliches Einverständnis, Teile meines Buches "Genetics for the Clinician" zu übernehmen.

Liverpool 1970   C. A. C.

Vorwort des Verfassers zur zweiten Auflage

Ich freue mich sehr darüber, daß eine zweite Auflage dieses Buches verlangt wird. Post hoc bedeutet nicht notwendig propter hoc, doch ist es nur menschlich, daß ich mich darüber freue, daß Abiturienten dringend Plätze in Medizinischen Hochschulen suchen und daß die Medizin jetzt offensichtlich ein Fach ist, das die naturwissenschaftlich begabtesten Schüler anzieht.

Ich habe versucht, die zweite Auflage auf den neuesten Stand zu

bringen. Wo es aber um grundlegende Prinzipien geht, schien es
oft besser, die alten, wohl erprobten Beispiele beizubehalten.
Außerordentlich dankbar bin ich Herrn Professor D. A. Price Evans
für diesbezügliche Ratschläge zum Kapitel Pharmakogenetik.

Liverpool 1977   C. A. C.

Inhalt

Einleitung

Einleitung

Die Genetik gewinnt in der Medizin zunehmend an Bedeutung, teils
weil heute mehr über die Grundlagen der Vererbung bekannt ist,
teils weil infolge der Unterdrückung vieler Infektionskrankheiten
durch Antibiotika und öffentliche Gesundheitsmaßnahmen die genetischen Leiden relativ häufiger sind als früher. Darüber hinaus
merken jetzt viele Ärzte, daß dieses Fach fesselnd interessant
sein kann.

Der augenfälligste praktische Nutzen der medizinischen Genetik
liegt in der "Beratung", das bedeutet Aufklären von Patienten über
Krankheitsrisiken für sie selbst oder ihre Nachkommen, wenn es
eine genetische Belastung in der Familie gibt. Gegenwärtig von geringem Wert, aber vielversprechend für die Zukunft ist, daß die
medizinische Genetik uns vielleicht helfen kann, unsere Erbanla-
gen zu überlisten. Krankheiten manifestieren sich nicht immer,
nicht einmal bei entsprechender genetischer Veranlagung, und es
wird zunehmend möglich sein, den Einfluß nachteiliger Gene außer
Kraft zu setzen.

Trotzdem ist es zuerst notwendig, die klassische Mendelsche Genetik im Zusammenhang mit Erkrankungen zu verstehen. Die Grundlage
ist das typische einzelne Gen in einem Stammbaum, in dem betroffene und nicht-betroffene Individuen wie Mendelsche Erbsen aufspalten. Bald sieht man ein, daß Krankheit sehr viel häufiger durch
subtile Wechselwirkung zwischen genetischen und Umweltfaktoren verursacht wird, darum ist es auch notwendig zu verstehen, was mit
dem Begriff multifaktoriell gemeint ist.

In den ersten Kapiteln dieses Buches werden darum die verschiedenen Methoden der Vererbung abgehandelt. Wir beginnen mit den ty-
pischen dominanten und rezessiven Erbgängen.

1. Dominante und rezessive Vererbung

1.1 Dominante Vererbung: Am Beispiel der Chorea Huntington

Die Chorea Huntington (CH) ist ein erblich bedingtes Leiden, das
durch unwillkürliche Muskelbewegungen und fortschreitenden geisti-
gen Zerfall gekennzeichnet ist. Gewöhnlich tritt das Leiden erst
im Alter von ungefähr 35 Jahren auf, so daß die Betroffenen in den
meisten Fällen bereits Nachkommen haben, bevor sie von ihrer Anlage wissen. Die Erkrankung wird durch ein autosomal dominantes
Gen (Abb. 1-1) übertragen. Somit sind beide Geschlechter gleicher-

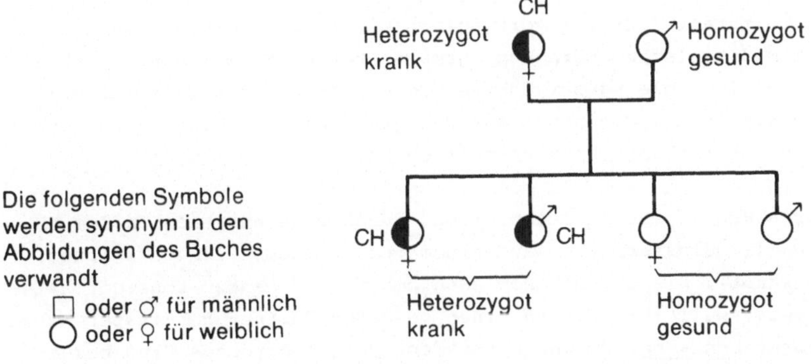

Abb. 1-1   Stammbaum der Chorea Huntington (CH).
(Mit freundlicher Genehmigung der Herren Blackwell.)

maßen betroffen. Außerdem überspringt das Leiden keine Generation, die Penetranz (s. Glossar) ist vollständig. Es ist selten,
man schätzt, daß in Großbritannien fünf Fälle unter 100.000 in
der Bevölkerung vorkommen. Die Betroffenen sind immer heterozygot (s. spätere Erklärung zu diesem Punkt). Unglücklicherweise
gibt es keinen Test, weder einen biochemischen noch einen elek-
trophysiologischen, durch den man feststellen könnte, wer in einer Familie daran erkranken wird. Bis jetzt waren Koppelungsuntersuchungen mit einem genetischen Marker wie z. B. dem zwischen

dem Nagel-Patella-Syndrom und dem ABO-Blutgruppen-Locus nicht hilfreich (s. Kap. 6).

Zwei Emigranten aus Suffolk brachten das Leiden 1630 nach Nordamerika. Es leitet seinen Namen von dem amerikanischen Arzt her, der es 1872 zuerst beschrieb. F r a s e r   R o b e r t s   berichtet: "Der Knabe George Huntington fuhr durch einen Waldpfad in Long Island und begleitete seinen Vater auf einer dienstlichen Fahrt. Plötzlich kamen zwei Frauen, Mutter und Tochter, die beide klein, dünn und nahezu leichenhaft anzusehen waren. Sie beugten sich, drehten sich und schnitten Grimassen, so daß er sie verwundert, fast ängstlich anstarrte. Die Erinnerung war, mehr als 50 Jahre später, noch so lebendig, lange nachdem er seinen jugendlichen Entschluß, an jenem Tage gefaßt, in die Tat umgesetzt und den Veitstanz (CH) zum vorrangigen Gegenstand seiner wissenschaftlich-medizinischen Forschung gemacht hatte. Es war ein Entschluß, der ihn in viele Häuser führte, wo die Träger des Gens mit ernstem calvinistischem Gleichmut auf das grauenhafte Schicksal warteten, das die Vorsehung ihnen beschieden hatte."

Chorea Huntington entsteht primär durch eine Mutation an dem CH-Locus (s. Glossar), der auf einem der Autosomen liegt (welches, ist unbekannt). Die betroffenen Nachkommen sind nahezu konstant heterozygot, weil ihre Eltern einen gesunden Partner geheiratet haben. Theoretisch <u>könnten</u> zwei Betroffene ein homozygotes Kind bekommen, das wahrscheinlich nicht lebensfähig sein würde. Das Gen ist aber so selten, daß dies wahrscheinlich nicht vorkommt. Wenn jedoch ein Merkmal häufig vorhanden ist, wie die verschiedenen ABO-Blutgruppen, treten eher Homozygote auf, z. B. die Blutgruppe 00 oder AA.

1.2 <u>Das Problem der Kontrollgruppen zur Schätzung von Mutationsraten</u>

Von beträchtlichem Interesse ist die Frage, warum diese Erkrankung wiederholt auftritt. "Wiederholende Mutation" ("recurrent mutation") ist eine einleuchtende Antwort. Eine andere Erklärung aber ist diese: Da verstärktes Sexualverlangen (gesteigerte Libido) eines der Frühsymptome der Chorea Huntington ist, könnten die Betroffenen mehr Kinder als ihre gesunden Geschwister haben. Dies ist in der Tat bestätigt worden. Die Mutationsrate könnte deshalb extrem niedrig sein (oder überhaupt nicht vorhanden sein), da, unter der Voraussetzung, daß nichtbetroffene Geschwister sich wie Gesunde verhalten, die biologische "fitness" (s. Glossar) der Patienten größer als eins ist. Die gesunden Geschwister können jedoch nicht als geeignete Kontrollgruppe dienen, weil sie wegen der Erblichkeit des Leidens möglicherweise später heiraten oder die Größe ihrer Familie beschränken. Wenn aber die "fitness" von Chorea-Huntington-Patienten mit der von Gesunden verglichen wird, liegt sie unter eins (0,81). Falls dies die richtige Kontrollgruppe ist (was wahrscheinlich erscheint), muß also eine höhere Mutationsrate gefordert werden. Zwar mag man glauben, dies sei nur von theoretischer Bedeutung, aber in einem Zeitalter der Strahlengefährdung ist jede Information über die Mutationsraten von größter Wichtigkeit und Chorea Huntington zeigt, wie schwierig diese zu schätzen ist - ein Wert für die biologische "fitness" ist zur Berechnung nötig.

Die Situation bei CH sollte mit der des Duodenalulcus (s. S. 75) verglichen werden; dann wird klar, daß es völlig legitim ist, gegensätzliche Schlüsse über die geeignetste Kontrollgruppe für die beiden Krankheiten zu ziehen.

1.3 Rezessive Vererbung: Am Beispiel der Cystischen Pankreasfibrose (Mukoviszidose)

Die cystische Pankreasfibrose (CPF) ist eine Allgemeinerkrankung der schleimbildenden Drüsen, besonders jener des Pankreas, des Darmes und der Lunge. Der Schleim ist zähflüssiger als normal, und als Folge blockiert eingetrocknetes Sekret die Drüsen und ihre Gänge, so daß sie atrophieren und durch Narbengewebe ersetzt werden. Die Insulin-bildenden Zellen des Pankreas sind jedoch davon nicht befallen, somit entsteht kein Diabetes. Ein weiteres Merkmal ist der erhöhte Gehalt von Natriumchlorid im Schweiß.

Das Leiden ist ziemlich häufig, es kommt einmal auf 2.000 Geburten vor und beträgt 1 - 2 % der Aufnahmen in Kinderkliniken. Die Prognose eines Erkrankten ist trotz Antibiotika und Pankreasextrakten ungünstig. Viele der Kinder sterben an Lungenentzündung, nur wenige erreichen das Erwachsenenalter.

Das Leiden wird durch ein autosomal rezessives Gen bedingt, so daß beide Geschlechter gleich betroffen sind. In der Regel weist keiner der Eltern Symptome auf. Abb. 1-2 zeigt, daß im Durchschnitt in einer betroffenen Geschwisterschaft eines von vier Geschwistern erkrankt ist.

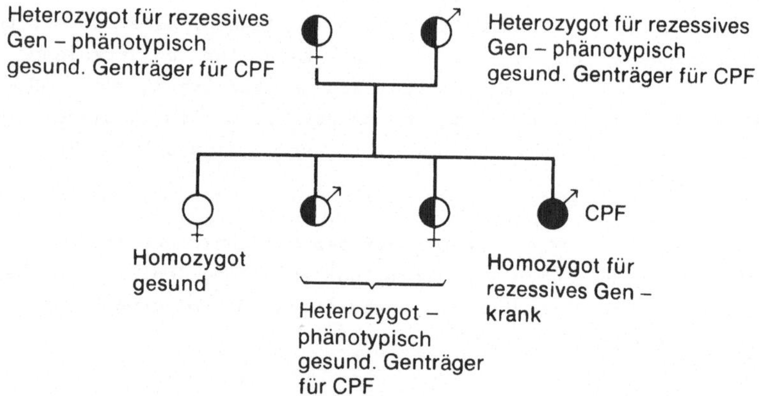

Abb. 1-2   Heirat zweier heterozygoter Genträger für cystische Pankreasfibrose (CPF). (Mit freundlicher Genehmigung der Herren Blackwell.)

1.3.1   <u>Mögliche Erklärung der Häufigkeit der cystischen Pankreasfibrose</u>

Da die Erkrankung häufig auftritt, ist ihre Genetik von großem Interesse, und einer der folgenden Punkte könnte die Häufigkeit erklären:

a) Eine hohe Mutationsrate - aber diese müßte so hoch sein, daß
sie - a priori - unwahrscheinlich ist.

b) Mehrere verschiedene Gene, jedes einzelne mit seiner eigenen
Mutationsrate, könnten die Erkrankung, die in ihrer Ausprägung
variieren kann, verursachen. Für den Grad der Ausprägung ist
eines von mehreren Allelen verantwortlich, mit anderen Worten:
Die Erkrankung könnte heterogen sein (wie es oft bei anderen
Erkrankungen der Fall ist).

c) Die Heterozygoten, d. h. jene Personen, die nur eine Gendosis
tragen und die 5 % der Bevölkerung ausmachen (zur Methode, mit
der diese Zahl berechnet wird s. S. 55) könnten einen Selek-
tionsvorteil haben. Das bedeutet, daß sie gegenüber gesunden
Homozygoten biologisch "fitter" sind, anders ausgedrückt, das
Leiden könnte ein polymorphes System darstellen (s. S. 42).
Was dieser Vorteil der Heterozygoten sein oder gewesen sein
mag, ist unbekannt; P e n r o s e dachte, daß "sie früher
einmal oder in einem bestimmten Klima, bei Hungersnot oder in
Seuchenzeiten in einem ungeheuren Vorteil waren, aber daß die
Gene nun im Aussterben sind, aber nur unmerklich abnehmen".
Es gibt in der Tat Ergebnisse aus der Familienforschung, die
zur Zeit den Heterozygotenvorteil bestätigen. D a n k s
und Mitarbeiter (1965) untersuchten die Familiengröße der Eltern von Kindern mit CPF. Dazu erfaßten sie 144 Großeltern-
paare, verglichen jedes Großelternpaar mit drei verschiedenen
Kontrollgruppen und stellten fest, daß die Großeltern von Kindern mit CPF größere Familien hatten.

Warum gerade Großeltern? Eltern von Patienten mit bekannter
CPF könnten ihre Nachkommenschaft begrenzen, aber in den vor-
angegangenen Generationen hatten die Heterozygoten mit großer
Wahrscheinlichkeit gesunde Partner geheiratet. Diese Paare
hatten die größeren Familien verglichen mit den Kontrollgruppen. Jedoch brachten die Autoren der Arbeit ihr Ergebnis nur
mit großem Vorbehalt vor, da der Umfang des offenbar nachge-
wiesenen Heterozygotenvorteils bedeutend größer ist als er
nötig wäre, um das Gen in einer konstanten Häufigkeit in der
Bevölkerung zu halten.

1.4 Heterozygotennachweis bei der cystischen Pankreasfibrose

Der Nachweis von Heterozygoten bleibt noch ein Problem, und die
folgenden drei Lösungsversuche haben es nicht geklärt.

1.4.1 Der Natriumgehalt des Schweißes

Eine Zeitlang dachte man, daß der Natriumgehalt im Schweiß Heterozygoter bei ihrer Erkennung hilfreich sein könnte. Es ist richtig,
daß diese durchschnittlich einen etwas höheren Wert als Nichtgen-
träger haben, jedoch ist der Spielraum sehr breit, und die Über-
schneidungen sind groß. Ferner wird häufig das Alter nicht berücksichtigt. Der Natriumgehalt des Schweißes steigt mit dem Alter an,
und deshalb müssen Vergleiche zwischen Patienten entsprechenden
Alters gemacht werden. Wie Abb. 1-3 zeigt, besteht praktisch kein
Unterschied im Natriumgehalt des Schweißes zwischen Eltern betroffener Kinder, also Heterozygoten, und den gesunden Kontrollgruppen gleichen Alters.

1.4.2 Metachromasie

Bestimmte Hautzellen, die Fibroblasten, färben sich besonders an,
wenn sie in der Kultur wachsen. Dieses Metachromasie genannte
Phänomen bedeutet, daß angefärbtes Gewebe eine andere Farbe als
der verwendete Farbstoff hat. Vor einigen Jahren dachte man, daß
dies die Heterozygoten der cystischen Pankreasfibrose charakteri-
siere, aber inzwischen ist bekannt, daß man eine Metachromasie ge-
nauso gut auch bei anderen Erkrankungen und sogar bei gesunden
Personen finden kann.

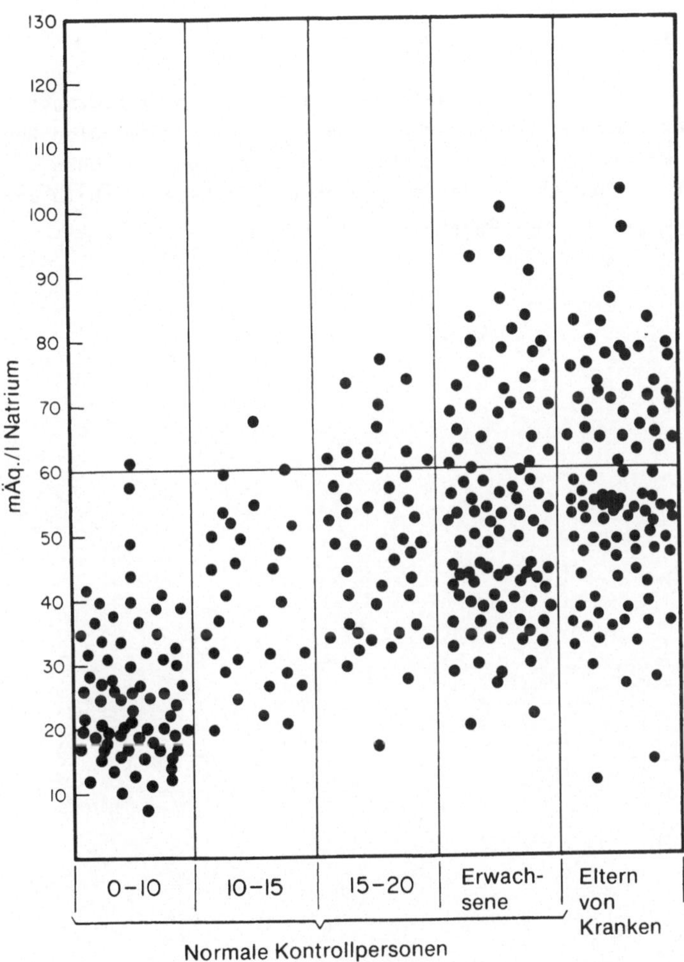

Alter in Jahren

Abb. 1-3 Salzkonzentration des Schweißes in Abhängigkeit vom Alter. (Mit freundlicher Genehmigung der Dres. Anderson und Freeman und des Verlages von ARCHIVES OF DISEASE IN CHILDHOOD.)

1.4.3 Der Spocktest

S p o c k   und Mitarbeiter fanden bei homo- und heterozygoten
Genträgern der CPF ein abnormes Globulin, das den normalen Rhyth-
mus des Flimmerepithels im Respirationstrakt von Kaninchen stört.
Der Test ist jedoch bei Heterozygoten unzuverlässig, obgleich er
bei Homozygoten zufriedenstellend ist.

2. Geschlechtsgebundene (X-gekoppelte) Vererbung

2.1 Geschlechtsgebundene rezessive Vererbung: Am Beispiel der Hämophilie

Die Hämophilie (Bluterkrankheit) ist eine geschlechtsgebundene rezessiv erbliche Störung der Blutgerinnung. Sie ist die Erkrankung, die in Europas Königshäusern so große Verheerungen anrichtete. Durch die Nachkommen Königin Viktorias wurde sie dort eingeführt (s. Abb. 2-1). Blutungen, die gewöhnlich nach einer Verletzung

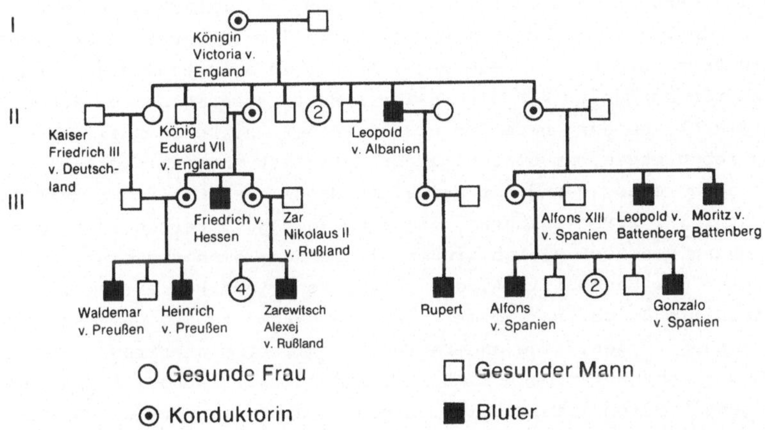

Abb. 2-1 Geschlechtsgebundene rezessive Vererbung. Stammbaum der Hämophilie in den europäischen Königshäusern. Alle Betroffenen lassen sich auf die Königin Viktoria von England zurückführen, die zweifellos Trägerin war. Ihr Vater war gesund, bei ihrer Mutter weist nichts darauf hin, daß sie Genträgerin war. Deshalb scheint Königin Viktoria ein _neues_ mutiertes Allel von einem ihrer Eltern erhalten zu haben.
Man kann erkennen, daß viele Individuen späterer Generationen, darunter die Britische Königsfamilie, da sie nicht krank sind, in das Schema nicht einbezogen worden sind, weil sie von einem nicht-betroffenen männlichen Vorfahren abstammen. Alle Kinder der Königin Viktoria sind in dem Stammbaum aufgeführt. (Mit freundlicher Genehmigung von Prof. Curt Stern und der Herren Freeman.)

aber auch spontan auftreten, sind das wesentliche Symptom. Die Blutung steht in keinem Verhältnis zum Ausmaß der Verletzung und kommt nur langsam zum Stillstand. Sie kann Wochen andauern und zu einer schweren Anämie führen. Die Bluter haben häufig orthopädische Probleme wegen wiederkehrender Hämarthrosen (Blutergüsse in den Gelenken). Die Krankheit tritt gewöhnlich in frühem Kindes- oder sogar im Säuglingsalter auf und wird durch einen Mangel an einem der Gerinnungsfaktoren (Faktor VIII, antihämophiles Globin AHG) verursacht. Der Schweregrad des Krankheitsbildes ist sehr variabel, doch innerhalb einer bestimmten Familie bleibt er konstant. Wahrscheinlich gibt es eine Anzahl von Allelen des Hämophilie-Gens. Ebenso gibt es eine Gruppe von Erkrankungen, die klinisch vom klassischen Typ der Hämophilie (Hämophilie A) nicht zu unterscheiden ist, jedoch vom Mangel an anderen Blutgerinnungsfaktoren herrührt. Von diesen ist die Christmas-Disease (Hämophilie B), benannt nach dem ersten Patienten, bei dem sie beschrieben wurde, am besten bekannt. Sie ist ebenfalls geschlechtsgebunden rezessiv und ist auf einen Mangel des Christmas Faktors (Faktor IX) zurückzuführen, der sich vom AHG unterscheidet. Eine Mischung von zwei gleich großen Blutmengen, eine von einem Patienten mit Hämophilie A, die andere von einem Patienten mit Hämophilie B, gerinnt normal, während getrennte Proben verzögerte Gerinnung zeigen. Eine andere recht ähnliche Bluterkrankheit, bei der die Konzentration von AHG vermindert ist, ist das Willebrand-Jürgens-Syndrom. Dieses wird autosomal dominant vererbt. Es wird später in anderem Zusammenhang nochmal erwähnt (s. S. 28).

Es sei daran erinnert, daß Hämophile eine Reihe von Krankheiten entwickeln können, die nichts mit der Hämophilie zu tun haben. Der Verfasser hat selbst einen fatalen Fall einer intestinalen Blutung erlebt, deren Ursache man in der Hämophilie des Patienten sah, die jedoch tatsächlich sekundär durch ein Ulcus duodeni bedingt war. In diesem Zusammenhang ist es wichtig, sich klarzumachen, daß Hämophile Operationen durchaus gut überstehen, falls sie in geeigneter Weise mit Blut oder frischem AHG vorbehandelt wurden.

Das für die Hämophilie verantwortliche Gen liegt auf dem X-Chromosom. Diese Situation wird als geschlechtsgebundene (X-chromoso-mal-gekoppelte) bezeichnet, da von einer Y-chromosomal-gebundenen Vererbung beim Menschen äußerst selten berichtet und ihre Annahme nicht in weiteren Untersuchungen erhärtet worden ist. Da die Frau zwei X Chromosomen und der Mann ein X- und ein Y-Chromosom be-sitzen, wird ein X-chromosomal-gebundenes Gen an beide Geschlech-ter, ein Y-chromosomal-gebundenes Gen hingegen nur vom Vater an den Sohn weitergegeben. Prägt sich ein Gen nur bei einem Geschlecht aus, nennt man dies geschlechtsbegrenzt (sex-limited) oder ge-schlechtskontrolliert. Diese Situation wird in Abschnitt 2.5 be-schrieben und unterscheidet sich eindeutig von der geschlechtsge-bundenen Vererbung. Die meisten, wenn auch nicht alle geschlechts-gebundenen Gene beim Menschen sind rezessiv. Zwischen zwei X-Chro-mosomen kann, wie bei Autosomen, Crossing-over (s. Kap. 4) statt-finden, jedoch ist Crossing-over zwischen X- und Y-Chromosomen sehr selten berichtet worden, weil ein Teil des X-Chromosoms sich nicht mit dem Y-Chromosom paart.

Da die Hämophilie durch ein geschlechtsgebundenes rezessives Gen verursacht wird, ist leicht einzusehen, daß weibliche Genträger nur erkranken, wenn sie homozygot sind. Das liegt daran, daß Frau-en zwei X-Chromosomen haben, wobei das normale Gen auf dem zwei-ten X-Chromosom das Hämophilie-Gen unterdrückt - sie werden je-doch in gleicher Anzahl normale und anomale X-Chromosomen an ihre Nachkommenschaft beiderlei Geschlechts weitergeben. Die Söh-ne von Konduktorinnen sind zu 50 % gesund und zu 50 % krank, die Töchter zu 50 % gesund und zu 50 % Konduktorinnen. Infolge der Seltenheit des Gens ist es sehr unwahrscheinlich, daß Frauen ho-mozygot und deshalb Bluter sind. Allerdings ist von hämophilen Frauen berichtet worden, die eine Geburt überlebt und hämophile Söhne geboren haben. Auf der anderen Seite sind alle Männer, die Genträger sind, krank. Alle ihre Töchter sind Konduktorinnen (da sie nur das betroffene X-Chromosom erhalten) und alle ihre Söhne völlig frei von dem Leiden, weil sie nur das Y-Chromosom von ihrem kranken Vater erben. Das sollte einleuchtend sein, aber über-raschend viele Leute mit recht profundem medizinischem Wissen schätzen diese Tatsache nicht richtig ein. In medizinischen Prü-fungen pflegte ich zu fragen, wieviele Söhne eines Bluters die Er-krankung bekommen werden, vorausgesetzt er heiratet eine gesunde

Frau. Fast alle Kandidaten halten inne, schauen sehr weise und behaupten: "Ungefähr 50 %." Es sei daran erinnert, daß die Männer
in den betroffenen Familien immer wissen können, was ihre Kinder
sein werden. Die Gesunden von ihnen werden mit gesunden Frauen
nur gesunde Kinder bekommen (und in ihrem späteren Leben werden
sie niemals das Leiden entwickeln, da dieses sich frühzeitig manifestiert). Von Blutern dagegen werden, falls sie überhaupt lang
genug leben, um Kinder zu zeugen, alle Söhne gesund und alle Töchter Konduktorinnen sein. Unklar ist die Situation bei Frauen, die
z. B. einen hämophilen Bruder haben und möglicherweise das Hämophilie-Gen von einer Konduktoren-Mutter bekommen haben könnten;
sie können nicht mit Sicherheit wissen, ob sie Genträger sind oder
nicht, obwohl ungefähr 85 % dieser Heterozygoten durch biochemische Tests ermittelt werden können.

2.2 Punktmutation

In der genetischen Beratung, die häufig auf Informationen von
kleinen Familien basieren muß, kann es unmöglich sein, eine Neumutation mit Sicherheit auszuschließen.

Wir erörtern an anderer Stelle (s. S. 84) mikroskopisch sichtbare Chromosomenveränderungen. Es können jedoch Veränderungen auftreten, die zu klein sind, um sie zu sehen - sogenannte Punktmuta-
tionen. F r a s e r   R o b e r t s   (1973) charakterisierte
die Sache treffend: Sehr selten, einmal in hunderttausend, in
einer Million oder gar zehn Millionen Fällen wird ein Gen nicht
auf dem gewöhnlichen Weg unverändert von Generation zu Generation
weitergegeben, sondern unterliegt einer physiko-chemischen Veränderung. Danach wird das neue Gen, das genau so stabil wie das
ursprüngliche ist, in derselben Weise weitergegeben. Natürlich
besetzt das neue Gen denselben Ort auf demselben Chromosom, somit sind das neue und das alte Gen allelomorph. Eine Mutation
kann sich in jeder beliebigen Zelle, jedoch bevorzugt, wenn nicht
gar immer, in sich teilenden Zellen abspielen. Bei einer Mutation
in einer somatischen Zelle (somatische Mutation) sind nur die Ab-
kömmlinge dieser Zelle betroffen, und es wird keine Abnormität

auf weitere Generationen übertragen. Ein blaues Segment in der
braunen Iris eines Auges ist ein Beispiel einer somatischen Mutation.

Nur Mutationen in der Keimbahn können an die Nachkommen vererbt
werden. Wie man aus Beobachtungen weiß, sind diese fast aus-
schließlich Einzelereignisse: D. h., wenn eine dominante Neumutation bei einem der Eltern auftritt, wird diese nur bei einem
seiner Kinder nachgewiesen. Nur gelegentlich ist mehr als ein
Kind einer Geschwisterreihe betroffen. In diesen Fällen muß die
Mutation während früherer Schritte der Keimzellbildung aufgetreten sein. Die Person, bei der dies geschehen ist, hat dann ein
Gonaden-Mosaik, ein Teil der Testes oder Ovarien enthält Zellen,
die das mutierte Gen tragen, während andere Teile nur das normale
Gen enthalten.

Da Chromosomen aus Desoxyribonukleinsäure (DNS=DNA) zusammengesetzt
sind und die Basensequenz der DNA die Sequenz der Aminosäuren und
damit die Struktur der Proteine bestimmt, könnte eine Veränderung
in einer DNA-Base zur Bildung eines neuen Gens führen. Bei der
Hämophilie kann es vorkommen, daß die Vorgeschichte bezüglich der
Blutung bei Verwandten eines Patienten unklar ist und daß es keine
kranken oder gesunden Brüder der Mutter gibt. Falls der Proband
(s. Glossar) ein mutiertes Gen trägt, das vor seiner Konzeption
aufgetreten ist, werden seine Schwestern mit größter Wahrscheinlichkeit keine Trägerinnen sein. Diese Situation der Neumutation
muß immer berücksichtigt werden, wenn ein Mann zur Behandlung einer X-chromosomal-gebundenen rezessiven Störung mit unauffälli-
ger Familienanamnese kommt. Eine erkrankte Frau, bei der auf diese Weise eine Mutation stattgefunden hat, wird sehr selten ange-
troffen werden, weil beide Elternteile eine Spontanmutation gehabt haben müßten. Wo dominante Vererbung in Betracht kommt, verursacht eine unvollständige Penetranz (s. Glossar) Schwierigkeiten, da eine Generation vollständig übersprungen werden und die
Familienanamnese bei den Eltern unauffällig sein kann. Verwir-
rend ist weiterhin, daß Gene eine unterschiedliche Expressivi-
tät haben können (das bedeutet, daß sie sich in einem unterschiedlichen Schweregrad manifestieren). Das kann manchmal dazu führen,

daß Eltern das Gen weitergeben, obgleich sie selbst nur so leicht
betroffen waren, daß sie als gesund betrachtet wurden.

2.3 Ein mögliches Supressor-Gen bei der Hämophilie

Ein weiterer Punkt muß erwähnt werden. Der Kern jeder somatischen
Zelle (anders als der der Keimzellen) enthält alle Gene, aber es
liegt auf der Hand, daß in jeder beliebigen Zelle nur ein Teil dieser Gene wirksam ist, d. h., in verschiedenen Körperbereichen verschiedene Gene aktiv sind. An Bakterien ist gezeigt worden, daß
es "Regulator"- und "Operator"-Gene gibt, die sich verbinden, um
je nach Erfordernis Hauptstrukturgene ein- und auszuschalten; man
nimmt an, daß dies auch in höheren Organismen, einschließlich des
Menschen, geschieht. Es gibt auch anomale hemmende oder Suppres-
sor-Gene, die normale Gene trotz deren Anwesenheit an ihrer Wirkung hindern.

Es wurde bereits das Willebrand-Jürgens-Syndrom erwähnt. Hier wird
zwar der antihämophile Faktor VIII (AHG) gebildet, aber in verrin-
gerter Konzentration. Da das Leiden autosomal dominant ist, wurde
vermutet, daß das "Hämophilie-Gen" auf dem X-Chromosom möglicherweise ein Suppressor-Gen ist, welches die Aktivität des für das
AHG verantwortlichen Gens, das auf einem Autosom lokalisiert ist,
unterdrückt. Bei dem Willebrand-Jürgens-Syndrom findet sich andererseits kein anomales Supressor-Gen auf dem X-Chromosom, sondern das auf dem Autosom lokalisierte, den Faktor VIII-kontrollie-
rende Gen ist anomal.

2.4 Genkartierung des X-Chromosoms

In den Kap. 4 und 6 wird das Crossing-over beschrieben, ebenso
die Methode der Berechnung der Crossing-over-Rate (s. S. 65), die
angibt, wie weit die Gene vermutlich auf dem Chromosom voneinander entfernt liegen. Von einer Reihe von Genen ist die Lage auf
dem X-Chromosom bekannt (einige sind mit einer Erkrankung verbun-

den, andere nicht). Die bekanntesten sind die verantwortlichen
Gene für das Farbsehen, die zwei Typen der Muskeldystrophie, die
Ichthyosis (Fischschuppenkrankheit), die zwei bereits erwähnten
Hämophilieformen, den G6PD-Mangel (s. S. 102) und das sehr wichti-
ge Xg-Blutgruppensystem. Die beiden Letztgenannten sind bei Hete-
rozygoten zu erkennen. Die Häufigkeit der Xg-Heterozygoten in der
weiblichen europäischen Bevölkerung (d. h. die Häufigkeit der
Frauen, die das Gen für das Xg^a-Blutgruppenantigen nur auf einem
X-Chromosom haben) beträgt immerhin 46 %. Deshalb spalten viele
Familien, die für eine der obenerwähnten, seltenen geschlechtsge-
bundenen Merkmale aufspalten, auch für das Xg-Blutgruppensystem
auf. Man darf nicht nach Familien suchen, die für zwei seltene
Merkmale spalten. So ist es möglich, die Entfernung des seltenen
mutierten Gens zum Xg-Locus und von dort zu einem anderen zu finden. Die Entfernungen werden in Cross-over- oder Kartierungsein-
heiten gemessen. Dabei ist eine Kartierungseinheit gleichbedeu-
tend mit einer 1 %igen Cross-over-Rate. Falls 5 % der Nachkommen
von informativen Paarungen (s. S. 66) vom "Rekombinations"-Typ
sind - d. h., sie sind das Ergebnis eines Crossing-overs, dann
sagt man, die beiden Genloci liegen ungefähr 5 Kartierungseinhei-
ten auseinander. Die Forschung macht ständig Fortschritte, so daß
die Karte oft verändert wird, aber Abb. 2-2 ist ungefähr auf dem
neuesten Stand. Man sieht noch unvermessene Abschnitte, dargestellt durch die drei punktierten Teile der Geraden. Wo die
Genloci für mehrere Gene sehr nahe beieinander liegen, ist nur
eine Position angegeben. Die Entfernungen sind in Crossing-over-
Häufigkeiten gemessen, die Halbkreise deuten die Ungewissheit der
Richtung der beteiligten Loci an. Wo die Linie durchgehend ist,
sind die Koppelungen nachgewiesen, wo die Linie unterbrochen ist,
sind sie noch nicht gesichert.

2.5 <u>Geschlechtsbegrenzte oder geschlechtskontrollierte Mani-
festation (sex limitation)</u>

Wie schon erwähnt, spricht man von geschlechtsbegrenzten oder ge-
schlechtskontrollierten Genen, falls sie sich nur in einem Geschlecht manifestieren. Das ist deutlich von der Geschlechtsge-
bundenheit (Koppelung) zu trennen. Ein Beispiel für diesen Un-

Abb. 2-2 Vorläufige
Karte zweier Abschnit-
te des X-Chromosoms
(s. Text), die Gruppen
bei Xg und Farbsehen
gemessen. Die Unklar-
heit über die Richtung
der Loci von den bei-
den Markern aus gese-
hen wird durch Halb-
kreise symbolisiert.
Die durchgezogenen Li-
nien stellen die nach-
gewiesenen Koppelun-
gen dar, die unter-
brochenen Linien wahr-
scheinliche Koppelun-
gen; die Zahlen bedeu-
ten Kartierungsein-
heiten. 1 Kartie-
rungseinheit = 1 %
Crossing-over
(R a c e   und
S a n g e r , 1975.
Mit freundlicher Ge-
nehmigung der Auto-
ren und der Herren
Blackwell.)

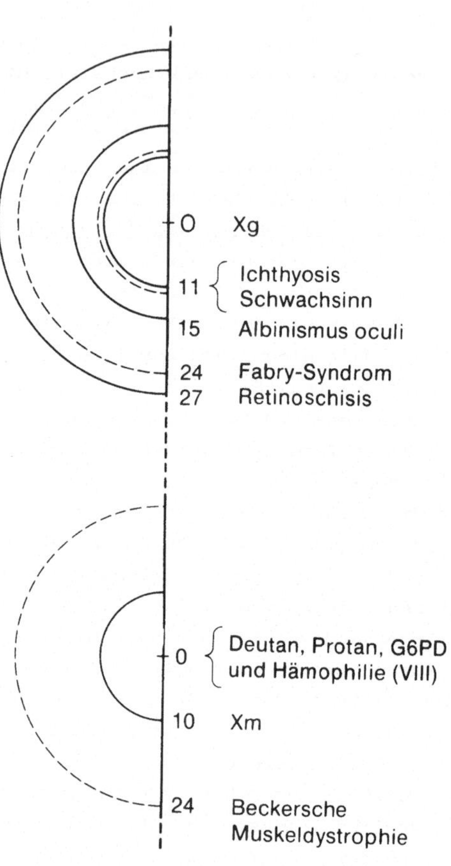

Erklärung:

Xg = Xg Blutgruppe
Ichthyosis = erbliche Fischschuppenkrankheit
X-gekoppelter Schwachsinn = besondere Form des Schwachsinns
Albinismus oculi = fleckenartige Depigmentation von Iris und
    Retina
Fabry-Syndrom = Erkrankung der Haut und Blutgefäße
Retinoschisis = eine Form der Retinaablösung
Deutan) Störungen des Farbensehens
Protan
Hämophilie (VIII) s. Kap. 2
G6PD, s. S. 102
Xm = Serumprotein
Muskeldystrophie Typ Becker = gutartige Form der Muskeldystrophie

terschied sei hier genannt. Stirnglatze zeigt sich nur bei Männern mit Ausnahme der sehr seltenen Fälle, in denen eine Frau das Gen in doppelter Dosis erhält. Die Tatsache, daß ein betroffener Mann die Anlage an seinen Sohn vererben kann zeigt, daß das verantwortliche Gen nicht auf dem X-Chromosom liegen kann; daß er es aber an seine Tochter weitergeben kann beweist, daß das Gen nicht auf dem Y-Chromosom liegt. So ist das Gen auf einem Autosom lokalisiert, kann jedoch nur im männlichen Geschlecht zum Ausdruck kommen - warum dies so ist, ist unbekannt.

3. Multifaktorielle Vererbung

3.1 Allgemeine Betrachtungen

Die multifaktorielle Vererbung ist, wie ihr Name besagt, nicht
von einem einzelnen Gen (oder einem Allelpaar), für das das Individuum homo- oder heterozygot sein kann, abhängig. Auch ist sie
nicht nur von Genen sondern ebenso von der Umwelt abhängig; das
heißt, es wirken viele Faktoren zusammen. Die verantwortlichen
Gene besitzen alle einen verschiedenen, wenngleich geringen Effekt
und eine wechselnde Dominanz. Es ist nicht immer leicht herauszu-
finden, was umweltbedingt und was vererbt ist. Der Terminus "Poly-
genie" verweist nur auf die genetische Komponente eines von vielen Genen bedingten Merkmals.

Es ist verständlich, daß die von vielen Genen abhängigen Merkmale
kontinuierliche Variationen zeigen, während die von einzelnen
Genen bedingten Merkmale klare "entweder/oder" Unterschiede sind.
Wie man sich leicht vorstellen kann, beeinflussen viele Gene
die menschliche Körpergröße - Menschen sind nicht "groß" oder
"klein" - sondern ihre Variationsbreite liegt zwischen Hoch- und
Minderwuchs, wobei wenige sehr große und wenige sehr kleine Menschen die beiden Extreme bilden. Die überwiegende Mehrheit der
Erwachsenen wird in der Mitte liegen. Bei einer graphischen Darstellung der Körpergröße würde man eine Normalverteilungskurve
erhalten. Natürlich gibt es Geschlechts- und Rassenunterschiede,
nicht zu vergessen die Auswirkung der Ernährung auf die Körpergröße. Zusätzlich gibt es die Gene für Körpergröße (wie auch für
Intelligenz). Was den Sachverhalt schwierig macht und komplizier-
te mathematische Berechnungen erfordert, ist die Tatsache, daß
auch Erkrankungen sehr häufig multifaktoriell bedingt sind. Man
kann nicht einfach sagen, viele Gene addieren sich, so daß jemand
Diabetes oder ein Duodenalulcus bekommt, und somit habe man eben
eine Krankheit oder nicht. Was macht aber letztendlich den Unterschied zwischen "krank" und "gesund" aus? Hier müssen wir die
Existenz eines Schwellenwertes annehmen, bei dessen Überschrei-
tung sich eine Krankheit manifestiert. Falls man genügend prä-
disponierende Gene für die Krankheit hat und die Umweltfaktoren

ihr Auftreten begünstigen, kommt die Krankheit zum Ausbruch. Auch
hier gibt es Geschlechtsunterschiede, denn einige Krankheiten
sind häufiger bei dem einen als bei dem anderen Geschlecht verbreitet. In diesem Zusammenhang veröffentlichte C a r t e r
(1962) einige sehr interessante Arbeiten. Er zeigte bei der Pylorusstenose (s. S. 127), die häufiger bei Jungen als bei Mädchen auftritt, daß ein erkranktes Mädchen mehr betroffene Verwandte hat als ein erkrankter Junge. Mädchen scheinen normalerweise resistenter gegen diese Erkrankung zu sein als Jungen. Wenn
sie die Krankheit jedoch entwickeln, haben sie eine sehr große
Anzahl prädisponierender Gene. Ihre Verwandten weisen dann ebenfalls diese hohe Genanzahl auf und leiden an der Erkrankung. Dieser Sachverhalt erscheint reichlich kompliziert, dient aber sehr
schön der Illustrierung des Schwellenwerteffektes bei multifakto-
rieller Vererbung.

Die Studie über quantitative Variation ist natürlich statistisch
und die notwendigen mathematischen Berechnungen sind für Laien
nicht verständlich. F r a s e r   R o b e r t s   (1973) gibt
jedoch eine sehr einfache Einführung in die Grundlagen, die auf
der Ähnlichkeit zwischen Verwandten basieren. Mit jedem weiter
entfernten Verwandtschaftsgrad wird die Zahl der mit einem Verwandten gemeinsamen Gene halbiert. Ein Elternteil gibt die Hälfte
seiner Chromosomen an die Nachkommen weiter, sie haben die Hälfte
der Gene gemeinsam. Verständlicherweise gibt das Kind die Hälfte
seiner von einem Elternteil stammenden Gene weiter, so daß ein
Großelternteil und ein Enkel ein Viertel ihrer Gene gemeinsam haben. Die Kinder eines Elternteils mit einem seltenen* autosomal
dominanten Gen besitzen dieses zu 50 %, also zu 1/2, die Enkel zu
25 %, also zu 1/4 und die Urenkel zu 12,5 %, also zu 1/8. Die
Hälfte der Eltern und Geschwister einer betroffenen Person sind
deshalb ebenfalls Genträger. Die Wahrscheinlichkeit, mit der andere Verwandtschaftsgrade betroffen sind, kann in ähnlicher Weise berechnet werden.

---

* Wäre es nicht selten, könnte es von beiden Seiten der Familie
  kommen, und das Modell wäre nicht anwendbar.

Bei der multifaktoriellen Vererbung ist das Endresultat allerdings
Ausdruck des Zusammenwirkens vieler Gene. Im <u>Mittel</u> haben ein
Geschwister- und ein Elternteil zur Hälfte die gleichen Gene wie
der Proband, während die andere Hälfte der Gene so unterschiedlich ist wie bei einer nichtverwandten Person. Der Unterschied
zur unifaktoriellen Vererbung ist also, daß Geschwister und Eltern statistisch gesehen nur zur Hälfte identisch und zur Hälfte
verschieden sind. Alle Onkel und alle Tanten tendieren dazu, zu
einem Viertel, alle Vettern und alle Cousinen zu einem Achtel,
gleich zu sein. Das Maß der Ähnlichkeit wird als "Regression"
bezeichnet, und die multifaktorielle Vererbung würde diesem an-
gedeuteten Modell folgen, wenn es nicht noch die Dominanz gäbe
und alle Gene intermediär in ihrer Wirkung wären. Das sind sie
natürlich nicht, so daß Dominanz und Rezessivität berücksichtigt
werden müssen, was zu Komplikationen führt. Der Effekt der Dominanz bei der multifaktoriellen Vererbung bleibt derselbe, auch
wenn es Variationen in der Dominanz von Genpaar zu Genpaar und
Unterschiede im Wirkungsgrad verschiedener Gene gibt: <u>Die Reduktion der Regression für Geschwister ist immer halb so groß wie
die Reduktion für die Eltern</u> (das bedeutet, daß Geschwister des
Probanden dem Probanden ähnlicher sind als den Eltern).

Der Sachverhalt ist schwierig, aber die oben gemachten Ausführun-
gen werden dem Leser eine Vorstellung der komplizierten Überlegungen geben. Der folgende Abschnitt über den Bluthochdruck be-
schreibt einige Untersuchungen zur Klärung der Frage, ob eine Anlage multifaktoriell oder durch ein einzelnes Gen vererbt wird.
Es sind überholte Überlegungen, aber die Prinzipien sind immer
noch gültig.

3.2 <u>Die Kontroverse über den Vererbungsmodus des Bluthochdrucks</u>
<u>(essentielle Hypertonie)</u>

Der arterielle Bluthochdruck besteht aus zwei Komponenten, dem
systolischen Blutdruck, hervorgerufen durch den Schlag der Ven-
trikel und dem diastolischen, dem ständigen arteriellen Druck
zwischen den Herzschlägen. Die obere Normgrenze Erwachsener liegt

bei ungefähr 140 mm Hg für die Systole und 90 mm Hg für die
Diastole. Gelegentlich findet man einen definitiven Grund für eine Hypertonie, z. B. eine Nierenerkrankung. Aber gewöhnlich ist
dies nicht der Fall; der Zustand wird dann als "essentiell" oder
"kryptogenetisch" bezeichnet. Der Patient fühlt sich häufig völlig gesund, und der erhöhte Blutdruck wird als Zufallsbefund bei
irgendeiner medizinischen Untersuchung, z. B. für eine Lebensver-
sicherung, erhoben. Oft findet man aber bei Patienten mit Hypertonie eine erbliche Belastung. Nach allgemeiner Ansicht spielen
ererbte Faktoren eine Rolle. Uneinigkeit herrscht jedoch über
die Art der Vererbung: Ist die Hypertonie ein multifaktorielles
Merkmal wie die Körpergröße oder eine spezifische "entweder/oder"
Störung? Einige der von beiden Seiten angeführten Untersuchungs-
ergebnisse sollen im folgenden diskutiert werden. Bei anderen
häufig vorkommenden Erkrankungen, bei denen die Vererbung eine
Rolle spielt, sind diese Argumente ebenfalls wichtig.

a) Familienuntersuchungen

1954 untersuchten   H a m i l t o n   und Mitarbeiter die Häufigkeitsverteilung des Bluthochdrucks in verschiedenen Altersgrup-
pen und schlossen, daß es keine natürliche Trennung zwischen Menschen mit normalem und anomalem Blutdruck gäbe. Sie begutachteten
die Verwandten 1. Grades (Vater, Mutter, Kind) von Patienten mit
Hypertonie, fanden aber keine Anzeichen einer zweigipfligen Verteilung, wie man es erwarten müßte, falls die Bevölkerung zwei
Gruppen, eine hypertone und eine normotone umfassen würde.

P l a t t   (1959) glaubte jedoch, daß eine eingipflige Verteilung der Verwandten aus mehreren Gründen zwei Gruppen überdecken
könnte. Von Probanden nahm er Verwandte mittleren Lebensalters
und untersuchte ihren Blutdruck. Das mittlere Lebensalter ist
das Alter, in dem der essentielle Bluthochdruck auftritt. Durch
die Beschränkung auf dieses Alter schloß er weitgehend Patienten mit Hochdruck anderer Genese aus. Er nahm 252 Geschwister,
die alle zwischen 45 und 60 Jahre alt und Geschwister von Probanden waren, deren Lebensalter ebenfalls zwischen 45 und 60 lag.
Er zeichnete den systolischen und den diastolischen Druck nur
dieser Geschwister auf und ließ dabei die Probanden, die alle

Hypertoniker waren, aus. Er fand, daß die Blutdruckwerte tatsächlich in zwei Gruppen zerfielen. Die Werte waren so eindeutig, daß
sogar gewisse Messungenauigkeiten zugelassen werden konnten.
Abb. 3-1 zeigt die Verteilungskurve des systolischen Blutdrucks
dieser Geschwister.

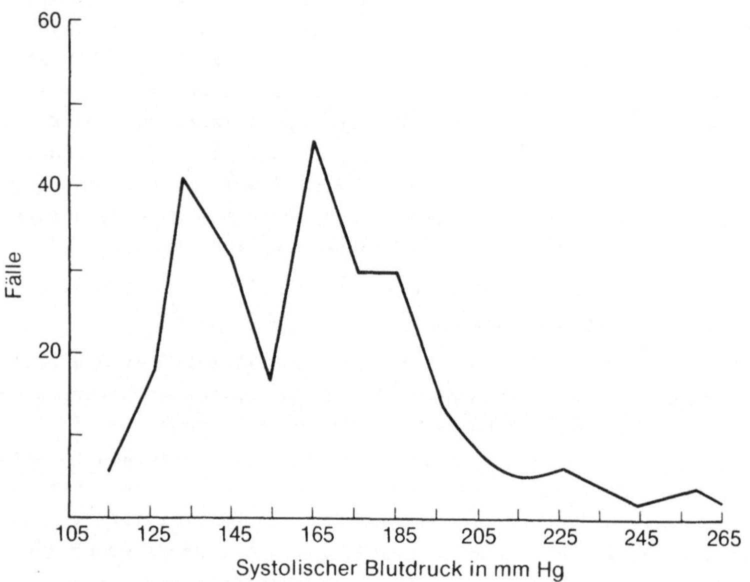

Abb. 3-1   Systolischer Blutdruck von 252 Geschwistern von 45-
           60jährigen Hypertonikern. Das Alter der Geschwister
           lag ebenfalls zwischen 45 und 60 Jahren. Die graphi-
           sche Darstellung ergibt eine zweigipflige Verteilungs-
           kurve. P l a t t   (1959) nach Angaben von
           H a m i l t o n   et al. (1954) und   S ø b y e   (1948).
           Die diastolischen Werte ergaben ähnliche Verteilung.
           (Mit freundlicher Genehmigung der Autoren und des Ver-
           lags von LANCET.)

Diese Ergebnisse würden in Einklang mit der Kontrolle der Hypertension durch ein einzelnes dominantes Gen stehen. P l a t t ist der Auffassung, daß genau dies häufig der Fall ist.

b) Populationsuntersuchungen

Andererseits führten M i a l l und O l d h a m 1955 und 1958 zwei große Bevölkerungsuntersuchungen durch. Diese zeigten eine Beziehung zwischen dem arteriellen Blutdruck der Probanden und dem naher Verwandter. Alter und Blutdruck des Probanden spielten keine Rolle. Der Grad der Ähnlichkeit (Regression des Blutdrucks der Verwandten zu dem des Probanden) betrug ungefähr 0,2. Dies bedeutet, daß die Verwandten eines Menschen, dessen systolischer Blutdruck beispielsweise 25 mm Hg über dem Durchschnitt seines Alters liegt, einen um 5 mm Hg höheren Blutdruck als der Durchschnitt ihres Alters hätten. Tab. 1 gibt einige der von M i a l l und O l d h a m gefundenen Werte wieder, und Abb. 3-2 stellt die Daten graphisch dar; ihre Legende erklärt im Detail, wie die Regressionsgeraden konstruiert worden sind. Durch die Übereinstimmung bei dieser großangelegten Untersuchung von Regression und Normalverteilungskurve (ein Beispiel wird in Abb. 3-3 gezeigt) wird die Hypothese der multifaktoriellen Kontrolle eindeutig gestützt (s. S. 32).

P i c k e r i n g faßte 1959 die Befunde zusammen und vertrat die Ansicht, daß die Hypothese der multifaktoriellen Vererbung befriedigender sei als diejenige, die auf einem einzelnen dominanten Gen beruhe. Er führte aus, daß der arterielle Blutdruck wie die Körpergröße das Ergebnis einer großen Zahl von Variablen sei, wobei alle, die Gefäßelastizität, die Radii der verschiedenen Gefäßsystemanteile sowie die Herzaktion eine Rolle spielen. Andererseits legte P l a t t im gleichen Jahr dar, daß nur eine der vielen Variablen in einer speziellen Gruppe von Hypertonikern gestört zu sein braucht. Als Beispiel führte er die Anlage zum Aldosteronismus an, das ist eine spezifische endokrine, Hypertonie verursachende Störung, nach deren erfolgreicher Behandlung der Patient nicht mehr zur Gruppe der Hypertoniker gehört.

Tabelle 1: Anteil einer Stichprobe (Probanden und Verwandte ersten Grades), einer Walisischen
Übersicht entnommen (M i a l l   und   O l d h a m , 1958). Der mittlere arterielle Druck ist in Fünfjahresaltersgruppen angegeben.

| Alter | Frauen | | | | | | Männer | | | | | |
| | Stichprobe (Probanden) | | | Verwandte ersten Grades | | | Stichprobe (Probanden) | | | Verwandte ersten Grades | | |
	An- zahl	Systo- lisch	Diasto- lisch	An- zahl	Systo- lisch	Diasto- lisch	An- zahl	Systo- lisch	Diasto- lisch	An- zahl	Systo- lisch	Diasto- lisch
5-	11	106.6	70.2	52	105.3	69.0	12	105.4	72.1	38	105.3	68.4
10-	10	112.0	72.5	47	112.5	71.8	9	110.8	73.6	40	114.6	73.3
15-	10	125.0	80.5	42	119.2	72.8	18	128.6	78.3	33	120.8	75.2
20-	10	122.5	75.0	43	121.2	74.8	6	126.7	78.3	37	129.5	80.9
25-	2	112.5	62.5	41	123.5	77.2	17	128.4	82.5	29	123.4	78.5
30-	13	121.4	74.8	52	126.3	80.5	12	131.3	84.6	45	129.3	84.2
35-	14	130.7	82.9	46	129.9	82.6	11	130.2	85.2	47	125.9	81.4
40-	5	134.5	86.5	47	130.3	82.6	6	128.3	85.0	33	126.6	82.7
45-	5	148.5	88.5	38	137.6	84.9	9	134.2	83.1	40	127.9	80.8
50-	8	149.4	88.8	30	148.8	87.8	7	137.5	86.1	32	141.6	89.4
55-	8	169.4	98.8	30	160.8	89.5	8	150.0	88.8	18	148.1	89.7
60-	8	180.0	93.1	19	170.1	93.8	8	146.9	87.5	25	144.1	84.7
65-	4	190.0	97.5	17	169.9	91.9	6	157.5	88.3	18	167.8	92.8
70-	3	200.8	102.5	10	173.0	91.0	3	154.2	94.2	7	148.9	85.4
75-80	2	210.0	105.0	7	212.5	103.9	2	162.5	90.0	11	154.3	78.4

Nach M i a l l   und   O l d h a m (1958). Mit freundlicher Genehmigung der Autoren und des
Verlags von CLINICAL SCIENCE.

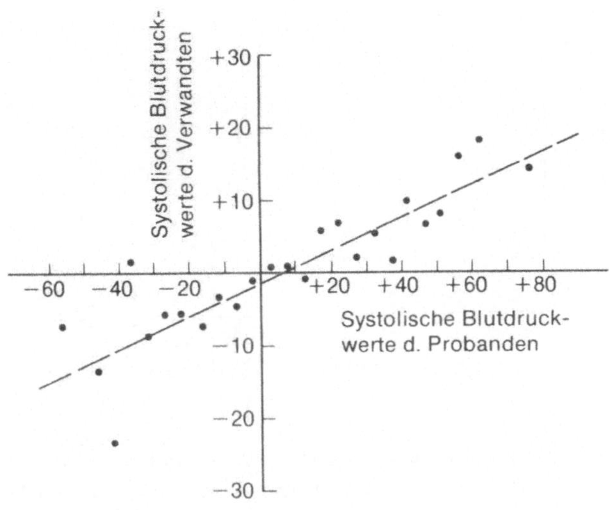

Abb. 3-2   Systolische Blutdruckwerte der Versuchspersonen und
die durchschnittlichen systolischen Werte der Verwandten ersten Grades. Die Punkte bedeuten die Abweichungen vom Blutdruckmittel, die positiven haben einen höheren, die negativen einen niedrigeren
als im Mittel. Jeder Punkt entspricht einem Meßwertpaar. Man kann sehen, daß z. B. bei Versuchspersonen, die durchschnittlich um +80 liegen, ihre Verwandten ersten Grades einen durchschnittlichen
Druck von ca. +17 haben. Die Werte wurden für Alter
und Geschlecht korrigiert. Die Regression für den
diastolischen Blutdruck war ähnlich (M i a l l
und O l d h a m , 1958. Mit freundlicher Genehmigung der Autoren und des Verlags von CLINICAL
SCIENCE.)

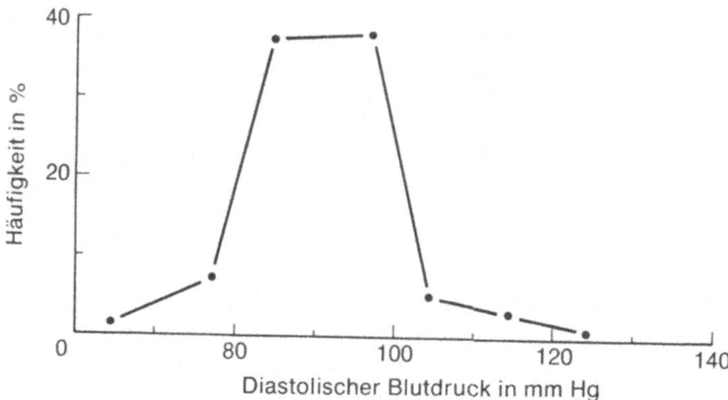

Abb. 3-3   Häufigkeitsverteilung für 84 Geschwister (im Alter
           von 45 - 59 Jahren) von 45 bis 59jährigen Versuchs-
           personen mit diastolischem Blutdruck von 100 mm Hg
           oder darüber. Nach   O l d h a m   et al. (1960)
           LANCET i, 1085-93. (Mit freundlicher Genehmigung
           der Autoren und des Verlags von LANCET.)

c) Zwillingsuntersuchungen

Die letzte Arbeit von Interesse ist diejenige von   P l a t t .
Er untersuchte 1963 den Blutdruck bei eineiigen Zwillingen. Bei
allen drei Zwillingspaaren, bei denen der Proband schwere Hypertonie aufwies, hatte der Zwilling ebenfalls diese Erkrankung.
Die Messungen ergaben:

Proband	Zwilling
260/150	210/130
230/130	205/130
200/130	210/130

Die Übereinstimmung spricht mehr für Vererbung als für Umweltfaktoren, aber sie macht natürlich keine Aussagen darüber, ob

die Art der Vererbung multifaktoriell oder durch ein einzelnes Gen bedingt ist. Andererseits lassen P l a t t s Daten zweieiige Zwillinge betreffend, bei denen einer der Zwillinge oder ein Nicht-Zwillingsgeschwister Hypertonie hatte, eine Ein-Gen-Situation - hyperton oder normal - vermuten. Der Autor ist von den Zwillingsuntersuchungen trotz des geringen Zahlenmaterials beeindruckt, bleibt aber bezüglich der Ansicht, daß die essentielle Hypertonie stets eine unifaktoriell vererbte Störung des mittleren Lebensalters ist, skeptisch.

Es ist durchaus möglich, daß die gegensätzlichen Ansichten von P i c k e r i n g und P l a t t in Einklang gebracht werden können. Letzten Endes ist die Körpergröße multifaktoriell bedingt und könnte sekundär durch überlagernde genetische und umweltbedingte Faktoren, wie zum Beispiel verschiedene Formen des Zwergwuchses einerseits und der Mangelernährung andererseits beeinträchtigt werden. Was auch immer richtig sein mag, ein gutes Argument lehrt meist mehr als eine einfache "etablierte" Krankheitsversion, und auf medizinischen Tagungen hat es stets Heiterkeit ausgelöst, wenn Redner einen Streit mit P i c k e - r i n g oder einen Schlagabtausch mit P l a t t hatten ("bickering with P i c k e r i n g or a bat at P l a t t ").

Wahrscheinlich ist die Lösung des Problems noch nicht abzusehen; denn bei der heutzutage viel wirksameren Behandlung des Bluthochdruckes wäre es interessant zu wissen, ob Medikamente verschiedene Wirkungen auf die vererbten und die umweltbedingten Typen dieser Krankheit haben.

4. Genetischer Polymorphismus

4.1 Definition und allgemeine Betrachtungen

Beim Menschen sind viele polymorphe Systeme bekannt, aber gegenwärtig sind nur wenige wie z. B. die Sichelzellanämie (s. Kap.
4.7a) und der G6PD-Mangel (s. S. 49 und S. 102) von klinischem
Interesse. Dennoch ist der Polymorphismus sehr wichtig. Er ist
ein grundlegendes Prinzip in der Genetik und verspricht in Zukunft für die Medizin an Bedeutung zu gewinnen. Deshalb wird
die Theorie im folgenden etwas ausführlicher diskutiert. Vie-
les davon ist der Monographie von E. B. F o r d entnommen
(F o r d , 1965).

Der Polymorphismus ist ein Variationstyp, bei dem Individuen mit
klar unterscheidbaren Merkmalen in einer sich frei kreuzenden
Einzelpopulation zusammenleben. F o r d (1940) definierte den
Zustand als "das Vorkommen zweier oder mehrerer Erscheinungsfor-
men oder 'Phasen' einer Art in demselben Lebensraum und zwar in
einem solchen Zahlenverhältnis, daß die seltensten der Erschei-
nungsformen sich nicht nur durch sich wiederholende Mutation behaupten können".

Diese Definition schließt einzelne geläufige Variationstypen
aus. Zum Beispiel sind die weiße, gelbe und schwarze Rasse nicht
als Polymorphismus anzusehen, da bei Kreuzungen die hybriden Populationen intermediär und variabel sind. Ferner ist die kontinuierliche Variabilität, wie bei der Körpergröße des Menschen,
kein Polymorphismus. In diesen Beispielen wirken viele Gene zusammen, und die Variation wird über die kumulativen Seggrega-
tionseffekte hervorgerufen, die sich an vielen Loci ereignen
und nicht durch "Schaltgene" ("switch" genes), die eindeutige
Alternativformen bewirken. Jahreszeitlich auftretende Formen
sind ebenfalls von der Definition ausgenommen. So können z. B.
beim Landkärtchen-Schmetterling Arachnia levana Temperatur oder
Tageslichtlänge sehr unterschiedliche Frühjahrs- und Sommerfor-
men hervorbringen, doch sind in diesem Fall alle Individuen einer Generation gleich und bilden somit keinen Polymorphismus.

Eine Aufspaltung in einer menschlichen Population in Gesunde und
Kranke mit Phenylketonurie oder in Gesunde und solche mit Achon-
droplasie fällt ebenfalls nicht unter die Definition, da diese
Leiden durch Selektion fortlaufend eliminiert werden und sich
nur durch wiederkehrende Mutation behaupten.

Der Polymorphismustyp der diskontinuierlichen Variation, den wir
diskutierten, ist nahezu immer genetisch, und in einem polymor-
phen System fehlt eine fortlaufende Reihe von Intermediären. Es
muß deshalb ein sehr genauer Schaltmechanismus bestehen, der
entweder durch Allele auf einem einzigen Locus kontrolliert
wird (wie jene, die die ABO-Blutgruppen determinieren) oder durch
miteinander korrespondierende Glieder eines Supergens, das die
eine oder die andere Form hervorruft (s. S. 45).

4.2 Entstehung und Erhaltung von Polymorphismus

Wie entsteht ein Polymorphismus, und wie wird er aufrechterhalten? Ursprünglich entsteht er durch Mutation, und die selektive
Wirkung der Mutation muß entweder nachteilig (was sie gewöhnlich
ist), neutral oder günstig sein. Im ersten Fall wird die Mutation
immer nur selten sein, weil folgerichtig gegen sie selektiert
wird. Zuerst wurde durch Berechnungen (F i s c h e r , 1930)
und später durch Arbeiten an Drosophila melanogaster gezeigt,
daß Gene immer multiple Wirkung zu haben scheinen. Außer für die
üblichen letalen und halbletalen beeinträchtigen alle Mutanten,
die bei dieser Fliege untersucht wurden, die Lebensfähigkeit. Die
Gene, die für leicht sichtbare Effekte verantwortlich sind, wie
Augenfarbe, unbedeutende Unterschiede in der Flügeläderung und
Borstenzahl, verändern jedoch auch die Lebensdauer, die Überle-
bensfähigkeit unter ungünstigen Bedingungen, die Fruchtbarkeit
der Männchen oder die Neigung zum Eierlegen. Fischer berechnete,
daß das Gleichgewicht zwischen einer Mutanten und ihrem normalen
Allel außerordentlich genau sein müßte, wenn beide in ihrer Wirkung neutral sind, so daß diese Situation äußerst selten sein
muß. Außerdem würde bei dem außergewöhnlichen Ereignis einer
"neutralen" Mutation ihre Verbreitung sehr langsam vorangehen.

Man kann also folgern, daß für einen Polymorphismus die dritte
Möglichkeit verantwortlich ist. Mutierte Gene, verglichen mit
ihren Allelen, müssen unter bestimmten Umständen im Vorteil gewesen sein. Wenn jedoch die Vorteile in jeder Hinsicht vollständig wären, würde das mutierte Gen unauffällig das ursprüngliche
Gen verdrängen und die wahrgenommene Polymorphismussituation wäre nur ein vorübergehendes Phänomen ("transient" polymorphism).
Die Polymorphismen, mit denen wir uns in diesem Kapitel beschäftigen sind, soweit bekannt, nicht vorübergehend. Es sind
"balancierte" oder "stabile" Polymorphismen, die deshalb entstanden sind (auf welche Weise wird später dargestellt), weil aus
manchen Gründen eine diskontinuierliche Mannigfaltigkeit vorteilhaft ist.

4.3 Heterozygotenvorteil und die Evolution der Dominanz

Gewöhnlich werden Polymorphismen durch Selektionsvorteil der Heterozygoten über beide Homozygoten aufrechterhalten. Dadurch bleiben die alternativen Allele in der Population. Dieser Heterozygotenvorteil kann auf zweierlei Weise entstehen. Wie F o r d
(1965) sehr klar formuliert, muß erstens jedes begünstigte Gen
im Anfangsstadium seiner Vermehrung fast vollkommen im heterozygoten Zustand vorliegen, weil nur da eine geringe Chance der
Paarung zwischen den seltenen Heterozygoten besteht. Hat das mutierte Gen einen geringen Vorteil, so können rezessive letale
oder halbletale, die auf dem gleichen Chromosom liegen, wegen
ihrer Nähe zur vorteilhaften Mutanten geschützt sein, solange sie
sich in einem heterozygoten Individuum befinden. Wenn das neue
erfolgreiche Supergen in seiner Häufigkeit zunimmt, treten Homozygote auf und werden dann durch diese schädlichen rezessiven
Merkmale beeinträchtigt werden (da diese nun ebenfalls homozygot
und somit aktiv geworden sind).

Zum zweiten scheinen Hauptgene immer einen multiplen Effekt zu
haben. Hat eines der Merkmale, für das eine Mutation verantwortlich ist, einen Vorteil und andere nicht, wird die Selektion dazu neigen, den vorteilhaften Effekt dominant und die schädlichen

Effekte rezessiv zu machen (S h e p p a r d , 1975). Die Homozygoten werden dadurch Vor- und Nachteile haben, denn sie werden homozygot sowohl für die schädlichen rezessiven Gene als auch für die sich erfolgreich durchsetzenden Mutanten sein. Dagegen werden die Heterozygoten das günstige dominante Allel tragen, aber nur eine Dosis des nachteiligen Gens.

(Die Termini "rezessiv" und "dominant" sollten strenggenommen nie für Gene gebraucht werden, sondern nur für Merkmale, die sie bestimmen, da ein einzelnes Gen viele Wirkungen haben und das gleiche Gen oft rezessive und dominante Merkmale kontrollieren kann.)

4.4   Die Entstehung eines Supergens

Von besonderer Bedeutung für die Bildung von Polymorphismen ist die Entstehung von Supergenen. Dies wird im Zusammenhang von bestimmten Formen der Mimikry bei Schmetterlingen diskutiert werden, bei denen die Details geklärt und leicht verständlich geworden sind. Hier gibt es innerhalb einer einzigen Art verschiedene Formen von Weibchen, jedes von ihnen erzielt einen Selektionsvorteil durch Ähnlichkeit mit einer anderen Art, die für Räuber, wie z. B. Vögel, wenig schmackhaft ist. Deshalb entwickelt sich ein balancierter Polymorphismus. Ein Übermaß an Nachahmung eines nicht schmackhaften Modells würde zum Ergebnis haben, daß die Schmetterlingsfresser dieses sonderbare Flügelmuster mit Genießbarem und nicht mit Ungenießbarem assoziieren. Allerdings ist das mimetische Flügelmuster kompliziert. Experimente haben gezeigt, daß sich das Mimikry verursachende "Gen" wie eine einzelne Einheit verhält, in Wirklichkeit aber aus verschiedenen Genen zusammengesetzt ist, die dicht auf unterschiedlichen Abschnitten desselben Chromosoms oder sogar auf nichthomologen Chromosomen zusammenliegen. Gelegentlich kommt es zum Crossing-over, einem Auseinanderbrechen der vorteilhaften Kombination des Supergens, so daß ungewöhnliche Muster beobachtet werden können. Im allgemeinen wird gegen sie selektiert, weil die Nachahmung dann schlechter ist.

Eine ähnliche Situation könnte bei Menschen bezüglich der Rh-Blutgruppen vorliegen. In diesem Fall scheinen drei Loci die Antigene
C oder c, D oder d, E oder e zu kontrollieren. Die korrespondie-
renden Antikörper sind Anti-C, Anti-c, Anti-D, Anti-d (bisher
hypothetisch), Anti-E, Anti-e. Die häufigsten Rh-Kombinationen
auf einem Chromosom sind CDe, cde und CDE. Es wird angenommen,
daß die seltensten (z. B. CdE) als Ergebnis eines Crossing-over
entstanden sind. Jedoch ist der Sachverhalt sehr viel komplizierter, denn es gibt in Wirklichkeit etwa 20 Rh-Antigene und Antikörper, und es gibt vermutlich sehr viele mutationsfähige Stellen an verschiedenen Loci. Weiterhin ist ein "kombiniertes" Antigen bewiesen worden, dessen Existenz davon abhängt, ob c und e
auf demselben Chromosom oder auf dem homologen liegen. Eine Prü-
fung auf dieses Antigen hat gezeigt, daß die c- und e-Gene im
selben Cistron liegen (ein Wort aus der Mikrobiologie, das dem
Terminus Supergen nahe kommt). Das Cistron ist der Chromosomen-
anteil, auf dem die Loci für eine Funktion zusammengefaßt sind.
Das Argument dafür, daß c und e im selben Cistron liegen, ist
folgendes: Sind Gene auf demselben Chromosom lokalisiert (d. h.
vom selben Elternteil vererbt) so sagt man, sie sind in cis-Lage.
Wenn die c- und e-Gene in cis-Lage sind, produzieren sie ce-Anti-
gene (früher f genannt). Die c- und e-Gene sind deshalb nichtkom-
plementär. Liegen sie auf einem Chromosom, können sie sich verbinden und ein gemeinsames Produkt bilden, liegen sie auf verschiedenen Chromosomen, ist dies nicht möglich. Gemäß der gängi-
gen Definition liegen sie auf demselben Cistron. Falls sie in
trans-Lage sich vereinigen könnten, um ce zu bilden, würden sie
komplementär sein. Das würde bedeuten, daß sie auf verschiedenen
Cistronen liegen.

Obwohl es vernünftig erscheint, das Rh-System so zu betrachten,
als bilde es ein Supergen - weshalb es dazu gekommen ist, ist
unbekannt - könnten die CDE-Kombinationen verschiedene Selek-
tionsvorteile bei unterschiedlicher genetischer Veranlagung haben. Es ist bekannt, daß die Antigene eine sehr unterschiedliche
Antigenwirkung haben.

4.5 Transplantationsantigene

Das komplizierteste Beispiel eines Supergens beim Menschen ist
das HLA-System (Histokompatibilitätsantigene der Leukozyten =
Leukozytenantigene der Gewebsverträglichkeit), das große Bedeutung bei Organ-(z. B. Nieren) und Gewebstransplantation (z. B.
Haut) hat. Es gibt 4 Loci, alle auf Chromosom Nr. 6, A, B, C und
D. Die Nummern der Allele, soweit für jeden Locus sicher identifiziert, sind 19, 20, 5 bzw. 6.

Leukozytenantikörper können von Patienten gebildet werden, die
mehrfach Transfusionen erhalten haben, von langsam durch Hautüber-
tragungen oder Leukozyteninjektionen immunisierten Personen, weiterhin von Patienten, die ein eingepflanztes Organ wieder abge-
stoßen haben und von Frauen, die mehrere Kinder geboren haben und
die durch fetale, vom Vater stammende Antigene immunisiert worden
sind. Es ist von Interesse, daß diese Antikörper gewöhnlich den
Säugling nicht schädigen.
Seren von solchen Menschen wurden auf die Agglutinationsreaktion
der Lymphozyten gegenüber weißen Blutzellen von zufällig ausgewählten Spendern getestet. Die mit jedem Serum erzielten Resul-
tate wurden mit jenen Ergebnissen (durch Computeranalyse) verglichen, die mit jedem anderen Serum erzielt wurden. Dies ermög-
lichte, die Seren in eine verhältnismäßig kleine Anzahl von Gruppen einzuteilen. Dieses Verfahren sowie Familienuntersuchungen haben zur Definition der vier HLA-Loci geführt. Auf jedem von diesen gibt es viele Gene, so daß ihre Kombinationsmöglichkeit sehr
groß ist. Vor einer Transplantation muß die günstigste Kombination der Seren gesichert sein.

Die Beziehung (Assoziation) zwischen bestimmten HLA-Typen und
Krankheiten wird in Abschnitt 4.7 besprochen.

4.6 Chromosomaler Polymorphismus durch Chromosomeninversionen

Ein weiteres Beispiel dafür, wie eine Ansammlung von Genen als
Einheit wirken kann, ist die Chromosomeninversion, die einen

chromosomalen Polymorphismus hervorruft. Bei <u>Drosophila pseudo-obscura</u> und <u>Drosophila persimilis</u> wurde gezeigt, daß Chromosomen-polymorphismus durch Heterozygotenvorteil (Heterosis) beibehalten werden kann. Zahlreiche Beispiele sind in Wildpopulationen gefunden worden, in denen die Anzahl der Inversionen Heterozygoter weit über die Erwartung hinausging, wenn gleiche Lebensfähigkeit für alle 3 Genotypen angenommen wurde. Ein völlig unabhängiger Nachweis des Heterosiseffektes wird durch die Tatsache geliefert, daß eine Larvenpopulation, die Inversionsträger ist und unter optimalen Laborbedingungen gezüchtet wird, im Erwachsenenstadium die drei Genotypen in dem normalen, nach dem Hardy-Weinberg-Gesetz (s. S. 55) zu erwartenden Zahlenverhältnis hervorbringt. Wenn die Larven jedoch um ein beschränktes Nahrungsangebot konkurrieren, überschreitet die Anzahl der Heterozygoten unter den erwachsenen Tieren diese Erwartung.

In einigen Fällen liegt der Polymorphismus in einer veränderten Chromosomenzahl. Bei <u>Nicandra physaloides</u>, einer Pflanze, die entfernt mit der Tabakspflanze verwandt ist, haben befruchtete Eizellen, die ein Chromosom weniger als normal haben, eine verzögerte Keimung. Die so erzeugte Variante hat jedoch Vorteile gegenüber Schwankungen der Umweltbedingungen.

4.7 <u>Einige polymorphe Systeme beim Menschen</u>

Eine Anzahl polymorpher Systeme sind in anderen Kapiteln dieses Buches erwähnt. Einige, die von besonderem Interesse sind, sollen hier genauer beschrieben werden.

a) Das Sichelzellmerkmal

Ungeachtet der großen Zahl polymorpher Systeme, die beim Menschen beschrieben worden sind, sind die Selektionsfaktoren nur in wenigen Fällen bekannt. Das klassische Beispiel ist das des Sichel-zell-Hämoglobins und des normalen Hämoglobins, das von Genen, die auf einem der Autosomen liegen, gesteuert wird. Diese Steuerung der Hämoglobin-S-Bildung erzeugt das Sichelzell-<u>Merkmal</u>, wenn es

mit einem normalen Allel verbunden ist, es erzeugt die Sichelzellanämie, wenn beide Allele das kranke Gen tragen. In verschiedenen ostafrikanischen Populationen hat das Hb^S-Gen eine Häufigkeit von über 20 %. Dies bedeutet, daß über 4 % der Neugeborenen
homozygot Hb^S/Hb^S sind und nahezu alle von ihnen im Kindesalter
sterben werden. Der Grund der hohen Hb^S-Häufigkeit ist ein deutlicher Vorteil der Heterozygoten gegenüber der normalen Bevölkerung mit Hb^A/Hb^A, weil sie in der Jugend resistenter gegen eine
Infektion mit maligner Malaria tertiana sind (A l l i s o n ,
1954) und selbstverständlich sind sie gegenüber jenen mit
Hb^S/Hb^S im Vorteil.

b) Glucose-6-Phosphat-Dehydrogenase-Mangel (G6PD-Mangel s. S. 102)

Eine ähnliche Resistenz gegenüber maligner Malaria tertiana ist
bei solchen Menschen zu beobachten, die das X-gekoppelte Gen für
den G6PD-Mangel tragen. Auf den ersten Blick scheint dies ein
völlig unerwünschtes Merkmal zu sein, da der Glucosestoffwechsel
anomal ist. Doch hat in einigen Populationen mehr als jeder
zehnte diese Störung. Der Schutz gegen Malaria unterdrückt die
Nachteile, denen Personen mit G6PD-Mangel ausgesetzt sind, nämlich: durch Primaquin oder andere Arzneimittel hervorgerufene
hämolytische Anämie, bestimmte bei Kindern vorkommende Gelbsucht-
formen (hauptsächlich bei mediterranen Rassen), sowie die Neigung
europäischer G6PD-Mangelkranker, nach Aspirineinnahme eine Gelbsucht zu bekommen. Das Thema wird ausführlich in Kapitel 9 behandelt. Die theoretischen Aspekte eines Polymorphismus, der durch
ein X-gekoppeltes Gen gesteuert wird, werden in Kapitel 5 (5.3)
erörtert.

c) Der AB0-Blutgruppen-Polymorphismus

Die bekannte Verteilung der Blutgruppenhäufigkeiten auf der Welt
ist ein deutlicher Beweis für die Wirkung natürlicher Selektion,
zumindest bei einigen der Blutgruppensysteme. Wenn sich auch die
relative Häufigkeit der Phänotypen A, B und 0 über eine kurze
Entfernung klar unterscheiden, zeigen einige andere Systeme eine
viel stärkere graduelle Änderung mit der Entfernung. Dies mag

teilweise an Ermanglung detaillierter Kenntnisse liegen, zweifellos besteht jedoch in der geographischen Verschiedenheit zwischen
den ABO-Blutgruppen und einigen anderen Systemen ein tatsächlicher
Gegensatz. Deshalb war es durchaus der Mühe wert, wie
E. B. F o r d vorschlug, bei der Erforschung von Krankheiten
darauf zu achten, ob eine bestimmte ABO-Blutgruppenkonstellation
für bestimmte Störungen (u. U. nur in geringem Ausmaß) prädispo-
nierend wirkt. Folgende Abschnitte zeigen die Richtigkeit dieser
Annahme. Es muß erwähnt werden, daß die ABO-Verträglichkeit für
Transplantationen wichtig ist (vgl. HLA-System und die Beziehung
mit Krankheiten S. 54).

Unterschiedliche Empfindlichkeit für Infektionskrankheiten

Bei einigen Infektionskrankheiten ist besondere Vorsicht geboten.
Es sind verschiedene Mikroorganismen bekannt, die den menschlichen Blutbestandteilen sehr ähnliche Antigene besitzen. Einer Hypothese zufolge könnte die ABO-Blutgruppenverteilung auf der Erde
durch die großen Pandemien von Infektionskrankheiten früherer Zeiten, besonders jener mit hoher Sterblichkeit wie Pest und Pocken,
beeinflußt worden sein. Die interessantesten Untersuchungen wurden im Zusammenhang mit Pocken durchgeführt und zwar in jenen Tei-
len Asiens, wo sie hochgradig endemisch vorkommen. Es wurde vor-
hergesagt, daß Pocken einen heftigeren Verlauf und eine größere
Mortalität bei Patienten mit den Blutgruppen A und AB hätten als
bei Patienten mit den Blutgruppen B und 0. Die Behauptung beruhte
auf dem experimentellen Beweis, daß das Kuhpockenvirus und demzufolge das Pockenvirus ein Antigen, ähnlich der Blutgruppen-A-Sub-
stanz besitzt. Folglich könnte man bei Trägern der Blutgruppe B
und 0, die einen natürlichen Anti-A-Antikörper besitzen, erwarten, daß mit größerer Wahrscheinlichkeit das Virus während des
virämischen Stadiums neutralisiert und so einen milderen Krankheitsverlauf ausbilden würde. Die Hypothese wurde kritisiert,
und es wurde der Beweis erbracht, daß das nachgewiesene A-ähn-
liche Antigen aus dem Eimaterial, auf dem das Impfvirus gewach-
sen war und nicht aus dem Virus selbst stammte.

Die experimentelle Grundlage für die Pocken-These wird demzufolge stark bezweifelt. Der epidemiologische Beweis ist jedoch von größtem Interesse. Impfreaktionen, insbesondere Enzephalitis, waren bei Patienten mit dem Blutgruppen-A-Gen häufiger als bei Patienten ohne dieses Gen. Verschiedene Untersuchungen über den Krankheitsverlauf der Pocken bei Patienten mit den unterschiedlichen ABO-Blutgruppen brachten widersprüchliche Ergebnisse. Eine kürzlich erschienene Übersicht sollte die Hypothese unter kritischen Bedingungen testen, um einige der Fehler vorangegangener Untersuchungen zu vermeiden. Die Forscher beabsichtigten eine vollständige Ermittlung von Pockenfällen, die über einen bestimmten Zeitraum in ausgewählten und hochgradig endemischen Bezirken Westbengalens und Bihars (Indien) vorkamen. Die Untersuchung wurde auf ländliche Bezirke beschränkt, in denen zuvor wenige Menschen geimpft worden waren und wenig moderne medizinische Behandlungen zur Verfügung standen. Die Auswahl der Kontrollgruppe für eine solche Untersuchung ist immer eine schwierige Angelegenheit. In Populationen, die wie die untersuchten durchmischt sind, besteht immer die Möglichkeit, daß bei einem Teil der Bevölkerung über längere Zeit Inzucht geherrscht hat, was zu einer unterschiedlichen Verteilung von ABO-Genen gegenüber der Restbevölkerung führt. Dieser Bevölkerungsanteil könnte aus anderen Gründen eine größere oder geringere Empfindlichkeit gegenüber Pocken haben. Auf diese Weise könnte eine einleuchtende Beziehung zwischen Blutgruppe und Empfindlichkeit gefunden werden (Schichtungseffekt).

Um dies zu vermeiden, wurden besonders gefährdete aber nicht erkrankte Geschwister als Kontrollen verwendet. Es konnte gezeigt werden, daß Individuen mit der Blutgruppe A oder AB pockenanfälliger waren und der Krankheitsverlauf bei ihnen eine heftigere Form aufwies als bei jenen mit der Blutgruppe B und O. Die Sterblichkeit war signifikant höher bei Personen, die das Blutgruppengen A besaßen als bei jenen ohne dieses Gen. Erfreulicherweise ist dieses Problem inzwischen nur noch von akademischem Interesse, seitdem die Erkrankung für fast ausgerottet gilt - ein Triumph der Präventivmedizin.

Unterschiedliche_Empfindlichkeit_für_chronische_Erkrankungen
im_Erwachsenenalter

In Kapitel 7 wird das Duodenalulcus behandelt, das bei Menschen
mit der Blutgruppe 0 häufiger ist als bei jenen mit anderen ABO-
Blutgruppen. Magenkrebs findet man häufiger bei Patienten mit
Blutgruppe A. Das gilt auch für perniziöse Anämie, ein Leiden,
bei dem die Magensäurebildung fehlt (wie häufig auch beim Magenkrebs). Die Wirkung dieser Krankheiten auf die Häufigkeit der
A, B und 0-Gene ist sicher sehr gering, da ihre Mortalität hauptsächlich nach der Fortpflanzungsperiode auftritt. Aber dies
braucht nicht immer so gewesen zu sein.

Eine andere bösartige Erkrankung von Interesse ist das Chorion-
carcinom. Das Tumor-Wachstum entsteht im Placentargewebe und ist
mit dem Fetus genetisch identisch. In bezug auf das Antigen
wird es sich mehr oder weniger von der Mutter unterscheiden. Es
wurde entdeckt, daß bestimmte ABO-Kombinationen der Mutter oder
des Vaters eine besondere Gefahr für das Auftreten des bösarti-
gen Wachstums darstellen. Aber die Sachlage ist verwickelt, und
die Gründe für diesen Zusammenhang sind unbekannt. Möglicherweise sind dabei Mechanismen im Spiel, die nicht den Mendelschen
Gesetzen unterliegen.

d) Der Rh-Blutgruppenpolymorphismus

Hier liegt ein besonders verwirrendes Problem vor. Wenn der wichtigste Mechanismus zur Erhaltung eines Polymorphismus der Heterozygotenvorteil zu sein scheint, weshalb finden wir dann bei den
Rh-Blutgruppen eine strenge Auslese gegen die Heterozygoten? Jedes Rh-positive Kind muß heterozygot sein, wenn seine Mutter Rh-
negativ ist. Durch den Rhesusfaktor ist es in Gefahr, eine hämolytische Erkrankung zu bekommen (s. S. 113). Dies muß zwar nicht
immer der Fall sein. Die Tatsache, daß sich der Nachteil stets
bei den Heterozygoten auswirkt, macht die Erklärung des Polymorphismus außerordentlich schwierig. Auch wenn die Homozygoten
gleiche Vorteile hätten, würde dies bedeuten, daß durch jedes
verstorbene Kind ein D- oder d-Gen vernichtet wird, und eines
der beiden Allele, gleichgültig welches, das zu Beginn selten

ist, würde schließlich eliminiert. Es wurden verschiedene Erklärungen angeboten, warum dies nicht eingetreten ist. Erstens werden Eltern, die ein Kind verloren haben, dies "kompensatorisch" ersetzen und zum Schluß mehr Kinder haben als Eltern, die kein Kind verloren haben. Dies kann allerdings keine vollständige Erklärung sein; denn es wurde mathematisch gezeigt, daß eine Kompensation nicht zu einem stabilen Polymorphismus führt. Folglich (unterhalb einer bestimmten kritischen Genhäufigkeit, deren Wert vom Kompensationseffekt abhängig ist) werden die Rh-negativen-Individuen an Häufigkeit abnehmen. Oberhalb einer kritischen Genhäufigkeit jedoch werden sie die Rh-positiven-Individuen in der Population vollständig verdrängen. Wir benötigen also eine andere Selektionswirkung, um das Fortbestehen des Polymorphismus zu erklären. Es ist durchaus möglich, daß bei sehr primitiven Stämmen eine Verminderung der Kinderzahl, durch den Tod an hämolytischen Erkrankungen verursacht, den übrigen Kindern mehr Nahrung lassen würde. Dadurch könnte die durchschnittliche Zahl der Kinder, die das Reifealter erreicht, in kleinen Familien, im Vergleich zu großen, unter Mangelbedingungen lebenden Familien ansteigen. So etwas ist von Vögeln bekannt, bei denen die Eltern nicht imstande waren, ihre großen Bruten ausreichend zu ernähren. Auf den Menschen bezogen scheint dies allerdings eine sehr spekulative Erklärung zu sein.

Eine andere Hypothese ist die, daß der Polymorphismus zunächst durch Einführung des d-Gens entstanden ist, sich infolge von Gendrift (s. Glossar) angehäuft hat und danach erst der positiven Selektion unterworfen war - warum wissen wir nicht - bis es zwei Rassen gab, eine reich an D und eine reich an d. Rassenmischungen nach diesem Modell könnten die hohe d-Häufigkeit in West-Europa erklären. Gestützt wird diese Meinung durch Stämme wie Basken und Berber, bei denen die Häufigkeit des d-Gens noch heute höher ist. Verschiedene Populationen mit einer immer schon bestehenden hohen d-Frequenz sind als Möglichkeit ebenfalls diskutiert worden. Wäre dies der Fall, so ist es erstaunlich, daß keine stärkere Variation der Genhäufigkeit in den verschiedenen Gebieten vorkommt.

e) Das HLA-System und Krankheiten

Bei der Maus ist die Empfindlichkeit gegenüber bestimmten Krankheiten größtenteils durch den Histokompatibilitätskomplex bestimmt. Das Gleiche scheint für den Menschen zu gelten. Es sind
eine große Zahl von Assoziationen beschrieben worden, von denen
die wichtigste die zwischen einem Allel, W 27 (auf dem B-Locus)
und der ankylosierenden Spondylitis ist. Es handelt sich um eine
Erkrankung junger Männer, die durch Schmerzen und Steifigkeit
des Rückens charakterisiert ist.

Die zugrundeliegenden biochemischen Mechanismen sind unbekannt.
Ein gegebenes Gewebsantigen könnte durch ein bestimmtes Virus genau nachgeahmt werden, so daß die Träger des Allels nicht in der
Lage sind, das Virus als "artfremd" zu erkennen und ihre immunolo-
gische Abwehr nur gering ist. Andere Allele könnten die Tendenz
zu Überreaktionen haben und demzufolge exzessive Mengen von Antikörpern erzeugen, welche mit dem Wirtsgewebe eine Kreuzreaktion
ergeben und dadurch zu einer autoimmunologischen Erkrankung führen.

Wie immer auch die Erklärung sein mag, zweifellos ist der Zusammenhang von Krankheiten und dem HLA-System gegenwärtig von gros-
sem Interesse, und die alte Frage "warum bekam gerade _er diese_
Krankheit?" könnte einer Antwort nahe sein (s. a. S. 47).

5.   Gene in Populationen

5.1 Die Erklärung des Hardy-Weinberg-Gesetzes

Dieses theoretische Kapitel beschäftigt sich mit dem Hardy-Weinberg-Gesetz. Es ist nicht übertrieben zu sagen, wenn ein Medizinstudent das zugrunde liegende Prinzip wirklich erfaßt hat, ist er einen großen Schritt auf dem Wege zum Verständnis der Genetik vorangekommen.

Das Gesetz besagt:

a) Gibt es in einer Population zwei oder mehr verschiedene Allele, so bleiben ihre Anteile (relativen Häufigkeiten) - unter bestimmten Voraussetzungen - von Generation zu Generation gleich (d. h. im Gleichgewicht).

b) Auch wenn eines der Allele extrem selten ist, gibt es in der Population eine erstaunlich große Zahl von Heterozygoten.

Die Voraussetzungen sind: Es gibt für keines der Allele eine positive oder negative Auslese, es gibt nur eine zufällige Paarung, Panmixie, (random mating), d. h., die durch das Allel bestimmte Eigenschaft hat keinen Einfluß auf die Partnerwahl. Dies trifft am ehesten für ein Merkmal wie z. B. eine Blutgruppe zu. Betrachtet man aber eine Eigenschaft wie Intelligenz, wo die Tendenz besteht, daß Gleiche untereinander heiraten (assortative mating), trifft dies nicht zu. (Die Formel ist aber auch noch von Wert, wenn ein gewisses Maß an Auslese stattfindet.)

Sehen wir, was die Formel z. B. für die Gene ergibt, die blaue und braune Augenfarbe bedingen. Zur einfachen Darstellung wird angenommen, daß es nur diese beiden Allele gäbe und daß die braune Augenfarbe über die blaue dominant sei. Wir untersuchen die relative Häufigkeit dieser beiden Gene. Sie sei p für das Allel, welches die braune Augenfarbe und q für das, welches die blaue Augenfarbe bedingt. Wenn p und q als Teile der Gesamtheit ausgedrückt werden, muß die Summe der Genhäufigkeiten der beiden Allele in der Population 1 ergeben; also $p + q = 1$.

Es gibt drei mögliche Genotypen: BB (homozygot braun), bb (homozygot blau) und Bb (heterozygot), die sich untereinander mit gleicher Wahrscheinlichkeit paaren.

Beachten wir, daß die beiden Allele bei der Keimzellbildung getrennt werden und bei der Befruchtung in zufälliger Weise zusammentreffen, so kann die relative Häufigkeit der drei Genotypen errechnet werden (und damit kann herausgefunden werden, wie viele der braunäugigen Menschen homozygot und wie viele heterozygot sind), vorausgesetzt, die Häufigkeit einer der homozygoten Genotypen in der Population ist bekannt.

Wir können bei diesem Beispiel so verfahren, da das Merkmal leicht erkennbar ist, und da angenommen wird, daß die Blauäugigen für das rezessive Allel homozygot sind. Die Hardy-Weinberg-Formel lautet:

$$1 = p^2 + 2\,pq + q^2 = (\,p + q\,)\,(\,p + q\,)$$

1 = die Gesamtheit der Population, die untersucht wird

p^2 = die relative Häufigkeit des einen homozygoten Genotyps (d. h. Individuen <u>nicht</u> Allele)

2pq = die relative Häufigkeit der Heterozygoten (Individuen)

q^2 = die relative Häufigkeit des anderen homozygoten Genotyps (Individuen)

Wir setzen nun Zahlen ein um zu sehen, in welchem Verhältnis die drei Phänotypen auftreten. Nehmen wir an, 64 % der Population seien blauäugig. Da aus Stammbaumforschungen bekannt ist, daß diese die homozygot Rezessiven sind, beginnen wir die Rechnung mit diesem Wert. Wir setzen $0{,}64 = q^2$; dann ist q = 0,8 und p = 1 - 0,8 = 0,2. Dies sind die relativen Häufigkeiten der <u>Allele</u>. Nun kann die relative Häufigkeit der Individuen, die für p homozygot sind, gefunden werden, d. h. p^2 = 0,04 bzw. 4 %. Wir können nun ebenfalls 2 pq berechnen: 2 pq = 0,32; also sind 32 % der Population Heterozygote. Man sieht:

$$p^2 + 2pq + q^2 = 0{,}04 + 0{,}32 + 0{,}64 = 1$$

Das Verwirrende an dieser Rechnung ist das Umschalten von

relativen Häufigkeiten der Genotypen (Individuen) auf relative
Genhäufigkeiten und wieder zurück. Man muß sich nur klar machen,
daß p^2, 2pq und q^2 für relative Anteile von Menschen in der Population stehen. Diese Zahlen sind wichtig, da unter ihnen unsere
Patienten sein können.

Da nicht immer bekannt ist, welches Allel rezessiv ist, müssen
u. U. viele Stammbäume untersucht werden oder, wenn es sich um
Tiere handelt, müssen Zuchtexperimente gemacht werden, um diese
Information zu bekommen.

Das gewählte Beispiel der Augenfarbe ist sehr einfach (und wir
sind uns klar darüber, daß es im Hinblick auf die Vererbung zu
stark vereinfacht wurde). Tatsächlich liegen oft Zahlen vor, die
nicht so leicht zu überschauen sind. Betrachten wir als Beispiel
die Mukoviszidose, die eine Häufigkeit von etwa 1 : 2000 in der
Bevölkerung hat. Da die Krankheit rezessiv vererbt wird, bedeutet dies, daß ein Mensch von 2000 homozygot für das Gen ist. Darum ist q^2 = 1/2000, und q, die relative Häufigkeit des rezessiven Gens, ist etwa 1/44 bzw. 0,0224; die relative Häufigkeit des
normalen Gens ist p = 1 - q, d. h. 0,9776;

2 pq = 2 x 0,0224 x 0,9776 = 0,0438, d. h. etwa 1 auf 23.

Das bedeutet, etwa 5 % der Bevölkerung sind heterozygot für das
Gen. Bei zufälliger Paarung und fehlender Selektion wird die
Häufigkeit der Heterozygoten auch von Generation zu Generation
5 % bleiben. Die Gültigkeit der Hardy-Weinberg-Formel kann demonstriert werden, indem man die möglichen Paarungen der drei
Genotypen sowie ihre Nachkommen aufzeichnet und abzählt (s. z. B.
C l a r k e , 1964).

5.2 Bestimmung des Hardy-Weinberg-Gleichgewichts bei einer kleinen Zahl von Individuen

Manchmal soll die relative Genhäufigkeit oder die relative Häufigkeit der Heterozygoten aus einer vorgegebenen kleinen Zahl von
Beobachtungen bestimmt werden. Nehmen wir z. B. an, von 71 Individuen wären 5 homozygot für ein rezessives Gen. Um die

relative Genhäufigkeit zu finden, muß die Zahl der rezessiven (5)
durch die Gesamtzahl der Individuen (71) geteilt werden. Das ergibt 0,0704. Aus diesem Wert muß die Wurzel gezogen werden. Sie
ist 0,27 und entspricht der relativen Genhäufigkeit des rezessiven Allels. Die relative Häufigkeit des dominanten Allels wäre
also 0,73; die relative Häufigkeit der Heterozygoten kann, wie
im vorhergehenden Kapitel gezeigt, berechnet werden.

5.3 Das Hardy-Weinberg-Gesetz und Geschlechtsgebundenheit

Eine interessante Situation liegt vor, wenn die Gene geschlechtsgebunden auf dem X-Chromosom liegen. Bei der Frau gibt es die
drei üblichen Genotypen, und ihre relativen Häufigkeiten sind
wie oben erwähnt p^2 : $2pq$: q^2. Bei Männern gibt es jedoch keine Heterozygoten, und die relative Genhäufigkeit ist $p:q$. Sie kann
einfach bestimmt werden, indem man das Verhältnis von betroffenen
zu nicht betroffenen Männern bildet. Wenn man diese Zahl hat, kann
die Häufigkeit der weiblichen Genträger sehr genau geschätzt werden.

5.4 Genhäufigkeiten

Bei den Blutgruppen A, B und 0 kann die Verteilung der Genotypen
am einfachsten durch die relative Häufigkeit der zugeordneten
Phänotypen bestimmt werden, d. h. durch den Anteil von Menschen,
der die Gruppe A, B, AB oder 0 hat. Wir haben gesehen, wie man
die relative Häufigkeit der Heterozygoten berechnen kann, wenn
sie phänotypisch den homozygot Dominanten gleich sind. Damit
kommt man heute nicht mehr aus. Genetiker denken nämlich zunehmend mehr in Genhäufigkeiten statt in Phänotyphäufigkeiten,
teils weil Gene elementarer sind, teils weil es die Zusammen-
hänge durchsichtiger macht. - Bei den A, B, 0 Blutgruppen z. B.
hat man es nur mit den Häufigkeiten von drei Genen aber mit
vier Phänotypen zu tun; und bei dem Rh-Blutgruppensystem gibt es
sehr viele Phänotypen oder, hier besser gesagt, chromosomale Be-

funde (da es im Rhesus-System nicht nur ein Allelenpaar gibt) -.
Darum sollte man versuchen, auch in den Begriffen der Genhäufigkeiten zu denken, - obwohl man diese in der Praxis erst nach dem
Hardy-Weinberg-Gesetz berechnen muß, bevor man die relativen Anteile der Heterozygoten und dominant Homozygoten kennt. Wenn man
diese in einem gegebenen Fall berechnet und feststellt, daß der
beobachtete relative Anteil der drei Phänotypen signifikant vom
errechneten Wert abweicht, so kann man sicher sein, daß entweder
keine zufällige Paarung vorliegt oder daß für das eine Allel eine
Auslese auf Kosten des anderen stattgefunden hat und die Population nicht im genetischen Gleichgewicht ist. Jedoch wird die Übereinstimmung zwischen Beobachtung und Erwartung auch ausreichen,
wenn die Voraussetzungen für das Gesetz nicht vollständig erfüllt
sind.

Das Wichtigste des Hardy-Weinberg-Gesetzes für den Studenten ist,
daß es ihm die Tatsache vertraut macht, daß die Träger einer
nachteiligen Erbanlage wesentlich häufiger sind, als man von der
Häufigkeit der Individuen her, die tatsächlich die Krankheit haben, erwarten könnte. Tabelle 2 gibt einige Beispiele.

Tabelle 2:

Krankheit, die durch rezessive Gene verursacht wird	Häufigkeit der Betroffenen (q^2)	Häufigkeit der Träger (Heterozygoten) $(2\ pq)$
Mukoviszidose	etwa 1 auf 2000*	1 auf 22
Albinismus	etwa 1 auf 20000 (0,00005)	1 auf 71,9 (0,0139)
Phenylketonurie (s. S. 125)	etwa 1 auf 25000 (0,00004)	1 auf 80 (0,0125)
Familiäre amaurotische Idiotie (eine tödliche Krankheit mit Blindheit)	etwa 1 auf 40000 (0,000025)	1 auf 100,5 (0,00995)
Alkaptonurie (eine seltene Stoff- wechselstörung, bei der sich der Urin beim Ste- henlassen dunkel färbt)	etwa 1 auf 1000000 (0,000001)	1 auf 502,5 (0,00199)

* unter der Annahme, daß die Krankheit nicht heterogen ist.

6. Koppelung von Genen

6.1 Allgemeines

Man spricht von gekoppelten Genen, wenn sie, genauer die von ihnen eingenommenen Loci, auf demselben Chromosom liegen. Es ist richtiger von "Locus" als von "Gen" zu sprechen, weil an jedem beliebigen Locus das eine oder andere Gen aus einer Reihe von Allelen liegen kann, wie z. B. die Blutgruppengene für A oder B oder 0.

Da alle Gene eines Chromosoms zusammen vererbt werden, könnte man meinen, gekoppelte Merkmale wären ganz einfach durch einen Blick auf einen Stammbaum zu erkennen. Jedoch wird bei einigem Nachdenken klar, daß die Sache nicht so einfach ist. Erstens ist es unmöglich, eine Koppelung zu entdecken, wenn zwei Merkmale in einer Familie nicht aufspalten. Man könnte (um ein rein hypothetisches Beispiel zu geben) keine Information über die Koppelung der Gene für Augenfarbe und den AB0-Blutgruppen-Locus aus einer Familie erhalten, die zwar bezüglich der Augenfarbe aufspaltet, in der aber alle die Blutgruppe 0 haben. Wenn es sich um unterschiedliche Allele (wie die AB0-Blutgruppen) handelt, wird man auch feststellen, daß ein bestimmtes Merkmal in der einen Familie mit einem dieser Allele, z. B. mit 0, und in einer anderen mit A gekoppelt sein kann. Auch muß immer ein Crossing-over (s. Glossar) in Betracht gezogen werden, da Gene gelegentlich ihre Plätze tauschen. Zwei Merkmale, die bei mehreren Mitgliedern einer Familie gekoppelt sind, können bei anderen Familienmitgliedern getrennt werden, weil ein Crossing-over stattgefunden hat.

Koppelung ist am besten durch das Studium von Sippentafeln zu verstehen. Zwei früh nachgewiesene autosomale Koppelungen sollen nun etwas ausführlicher besprochen werden. Geschlechtsgebundene Vererbung ist ein anderes Problem, das bereits in Kapitel 2 behandelt wurde.

6.2 Das Nagel-Patella-Syndrom und der AB0-Blutgruppen-Locus

(Die Koppelung wurde 1955 von R e n w i c k und
L a w l e r entdeckt.)

Ein Syndrom ist eine Gruppe von Anomalien, die eine erkennbare
Krankheit bilden. Zum Nagel-Patella-Syndrom gehören Mißbildungen
des Skelettsystems, wie fehlende oder hypoplastische (unterent-
wickelte) Patellae (Kniescheiben), Dystrophie (abnormer Wuchs)
einiger oder aller Fingernägel, Anomalien der Ellenbogengelenke
und häufig das Auftreten von kleinen Vorsprüngen der flachen Bek-
kenknochen (Darmbein; iliac horns), die gewöhnlich nur im Rönt-
genbild nachweisbar sind. Abb. 6-1 zeigt einige dieser charakteristischen Symptome. Aus folgenden Gründen ist die Krankheit für
Koppelungsuntersuchungen ideal: a) Das Nagel-Patella-Syndrom wird
autosomal dominant vererbt, und es ist niemals beobachtet worden,
daß es eine Generation übersprungen hätte. Das Syndrom ist deshalb bei jedem Genträger erkennbar. b) Es verursacht wenig Kör-
perbehinderung und verkürzt nicht die Lebensdauer. Darum gibt es
oft große Familien mit mehreren Generationen, die untersucht werden können. c) Da das Krankheitsbild auffällig ist, sind die Fa-
milienberichte im allgemeinen zutreffend. Das andere untersuchte
Merkmal, die AB0-Blutgruppen, ist auch ideal geeignet, da jeder
Mensch entweder 0, A, B oder AB hat. Um jedoch eine Koppelung zu
finden, muß der richtige Familientyp gefunden und untersucht
werden, nämlich die Nachkommen einer doppelten Rückkreuzung.

6.2.1 Beispiel einer doppelten Rückkreuzung

Eine doppelte Rückkreuzung liegt vor, wenn der eine Partner heterozygot bezüglich der beiden zur Diskussion stehenden Merkmale ist
und der andere homozygot. Ein Beispiel für eine solche Paarung
ist folgende: Die Frau hat die Blutgruppe A und ist Trägerin
von 0 und auch heterozygot für das Nagel-Patella-Syndrom (das
Gen ist so selten, daß sie nicht homozygot sein kann, - dies
ist jedenfalls niemals berichtet worden). Der Mann hat ein normales Skelettsystem und ist homozygot für die Blutgruppe 0 (d. h.
00). Dieser Fall ist in Abb. 6-2 gezeigt, wo das Nagel-Patella-

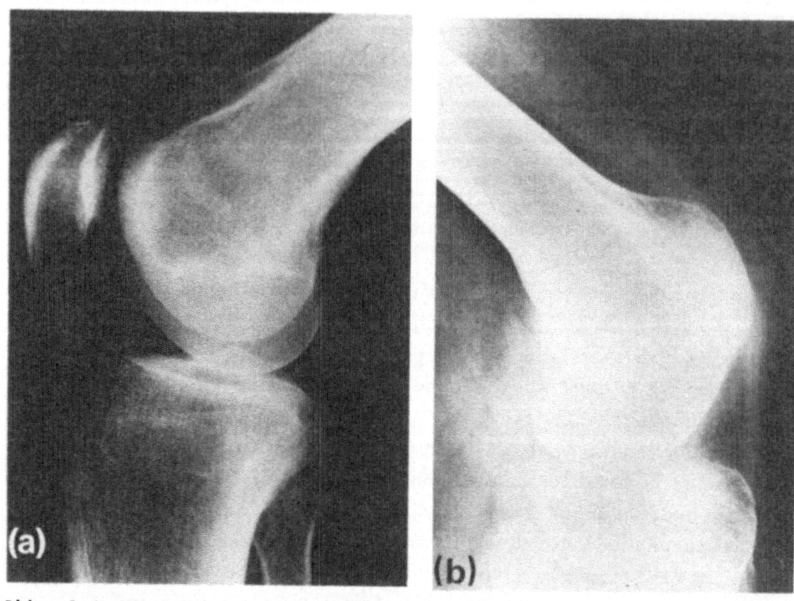

Abb. 6-1a

Abb. 6-1b

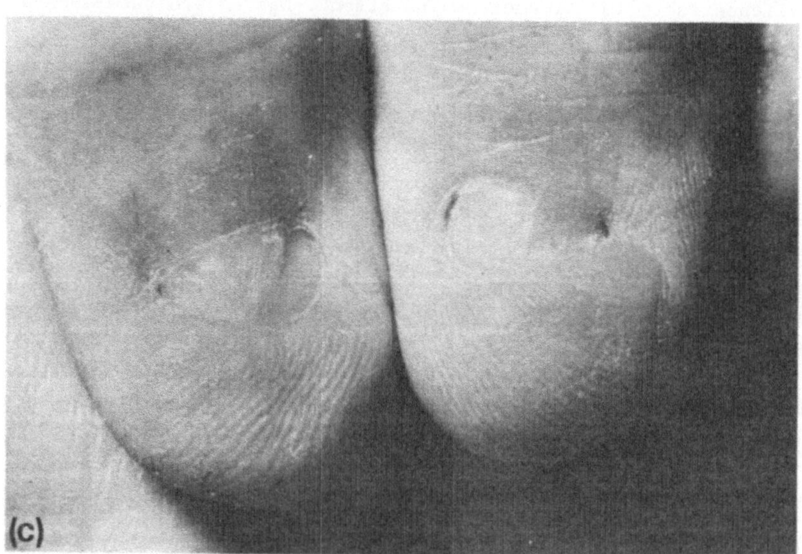

Abb. 6-1c

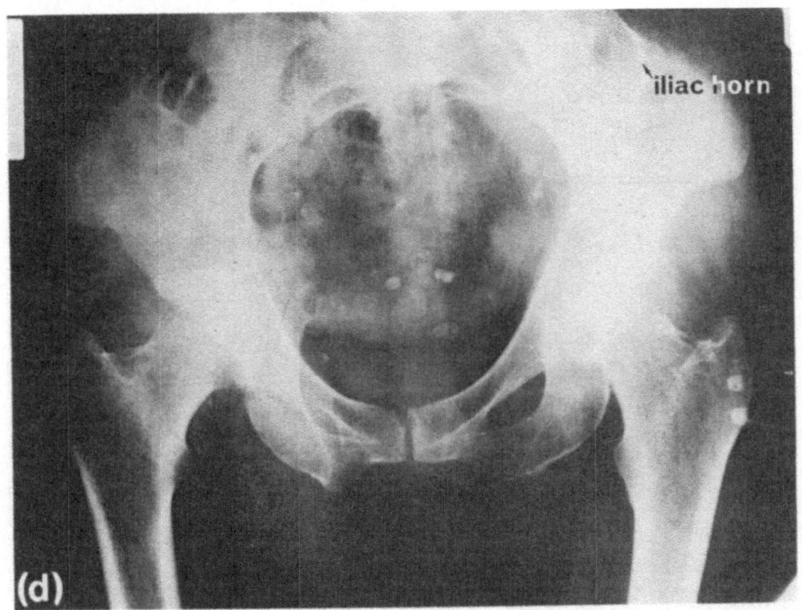

Abb. 6-1d

Abb. 6-1   Das Nagel-Patella-Syndrom. (a) Normale Patella (Knie-
scheibe. (b) Fehlende Patella. (c) Dystrophie (abnormes Wachstum) der Fingernägel. (d) Frontal: Ilium
(Darmbein)-Vorsprünge (iliac horns).

Syndrom mit der Blutgruppe A zusammen vererbt wird.

Es sei hervorgehoben, daß es nicht möglich ist, den Genotyp A0
zu bestimmen. Dieser ist jedoch aus Familienuntersuchungen ab-
zuleiten, z. B. muß jede Person A0 sein, die als A bestimmt wird
und ein 0-Elternteil hat. Außerdem wäre ein viel größerer Stammbaum als der gezeigte notwendig, um die Koppelung zu beweisen.

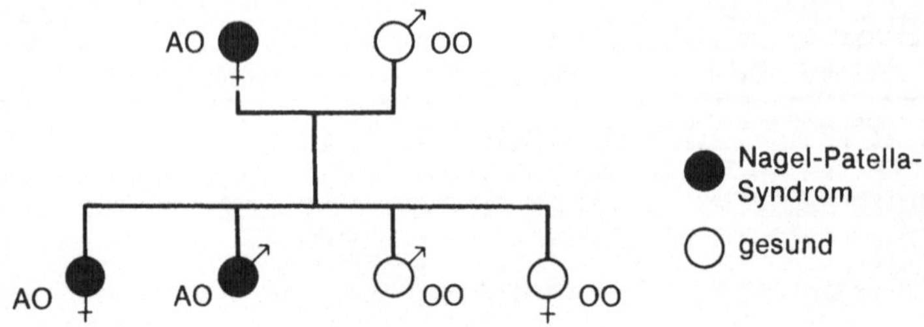

Abb. 6-2 Beispiel einer doppelten Rückkreuzung.
(Mit freundlicher Genehmigung der Herren
Blackwell.)

6.2.2 Durch Dominanz verdeckte Koppelung

In dem nächsten Stammbaum (Abb. 6-3) wird ein Teil einer Sippe
abgebildet, um eine der elementaren Schwierigkeiten von Koppelungsuntersuchungen zu demonstrieren. Auf den ersten Blick scheint

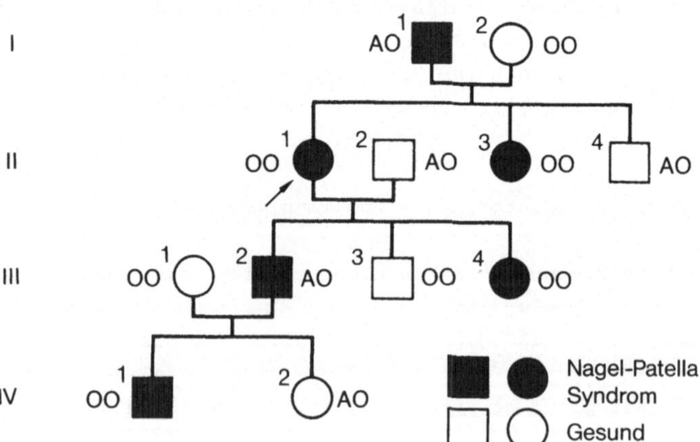

Abb. 6-3 Beispiel einer durch Dominanz verdeckten Koppelung. (Mit freundlicher Genehmigung der Herren
Blackwell.)

es, als sei überhaupt keine Koppelung vorhanden, da in der ersten
Generation das Nagel-Patella-Syndrom bei einem Träger der Blutgruppe A auftritt (I.1), in der zweiten Generation bei zwei Trägern der Blutgruppe 0 (II.1, die durch einen Pfeil gekennzeichnete
Probandin, und II.3), in der dritten Generation bei einem mit
der Blutgruppe A und einem der Blutgruppe 0 (III.2 und 4) und
in der vierten bei einem der Blutgruppe 0 (IV.1). Tatsächlich
ist die Koppelung nur verdeckt durch die Dominanz der Gruppe A.
Die Probandin (II.1) hat das Gen für das Nagel-Patella-Syndrom
mit ihrer Blutgruppe 0 bekommen und hat beides an ihren Sohn,
III.2, weitergegeben. Da aber die Mutter von III.2 die Gruppe 0
hatte, muß der Sohn das Gen für 0 von ihr und das für A von seinem Vater bekommen haben. Er ist als A-Individuum bestimmt, weil
A über 0 dominant ist, und diese Dominanz von A verdeckt die Koppelung des Syndroms mit 0. In Generation IV sieht man, daß III.2
das Syndrom wieder zusammen mit 0 weitergegeben hat. Hier hat
kein Crossing-over stattgefunden, denn dann hätte IV.1 das Nagel-
Patella-Syndrom zusammen mit der Blutgruppe A erben müssen.

6.2.3 Crossing-over bei Koppelungsuntersuchungen

Ein anderer Stammbaum (Abb. 6-4) zeigt, was geschieht, wenn Crossing-over tatsächlich stattfindet. Hier ist das Nagel-Patella-
Syndrom mit der Blutgruppe A_1 gekoppelt, nämlich bei I.1, II.1,
II.5 und III.2. Ein Crossing-over ist bei der Keimzellbildung
von I.1 aufgetreten, nach der Geburt von II.5 und vor der Geburt
von II.7, der die Blutgruppe A_1 hat und dennoch <u>nicht</u> betroffen
ist. Die anderen nicht betroffenen A-Träger dieser Familie haben
nämlich die Blutgruppe A_2 und nicht A_1. (A_1 und A_2 sind unter-
scheidbare Allele.)

6.2.4 Die Berechnung der Crossing-over-Häufigkeit

Die Crossing-over-Häufigkeit, in Abb. 6-4 etwa 12 %, stimmt mit
jener überein, die von R e n w i c k und L a w l e r in

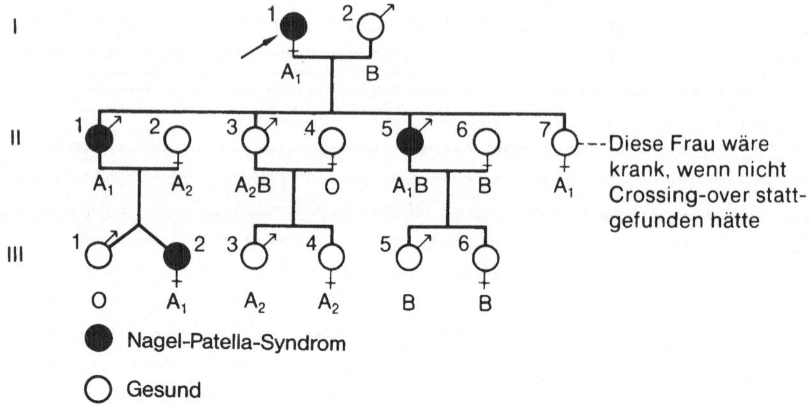

Abb. 6-4   Crossing-over bei einer Familie mit Nagel-Pa-
           tella-Syndrom. (Mit freundlicher Genehmigung
           der Herren Blackwell.)

vielen Familien gefunden wurde. Sie wird durch Abzählen jener Individuen bestimmt, bei denen Koppelung in Frage kommt. In unserem
Beispiel (Abb. 6-4) sind es II.1, II.3, II.5, II.7, III.1, III.2,
III.5 und III.6. Nur bei einem der 8 Fälle (12 %), bei denen die
Koppelung entdeckt werden könnte, ist eine neue Kombination an
die Stelle der früheren getreten. Dies bedeutet eine recht enge
Koppelung. Wenn die Crossing-over-Häufigkeit 50 % erreicht, treten die Merkmale mit gleicher Wahrscheinlichkeit zusammen wie getrennt auf, und deshalb handelt es sich nicht mehr um Koppelung,
sondern um "freie Rekombination".

6.2.5   Vergleich der Crossing-over-Häufigkeit bei Frauen und
        Männern

Bemerkenswert ist folgender Befund von   R e n w i c k   und
S c h u l t z e   (1965). Sie analysierten die Koppelungen in
27 Stammbäumen und fanden, daß Crossing-over von Nagel-Patella-

Syndrom und ABO-Loci zweimal so häufig bei Frauen wie bei Männern vorkommt, und daß es bei Männern seltener auftritt, wenn sie älter werden. Dies ist die erste Untersuchung dieser Art beim Menschen, und die Ergebnisse stehen im Einklang mit dem, was an bestimmten - aber nicht an allen - Loci bei der Maus auftritt (bei Drosophila kommt Crossing-over bekanntlich nicht im männlichen Geschlecht vor). Diese von R e n w i c k gefundenen Geschlechtsunterschiede müßten wahrscheinlich beim Aufstellen von Chromosomenkarten berücksichtigt werden (s. S. 30 und S. 70).

6.3 Elliptozytose (Ovalozytose) und das Rh-Blutgruppensystem

Elliptozytose ist eine Anomalie der roten Blutkörperchen, die autosomal dominant vererbt wird. Die Mehrzahl der Zellen erscheint elliptisch, wie Rugby-Bälle, statt kugelförmig (s. Abb. 6-5).

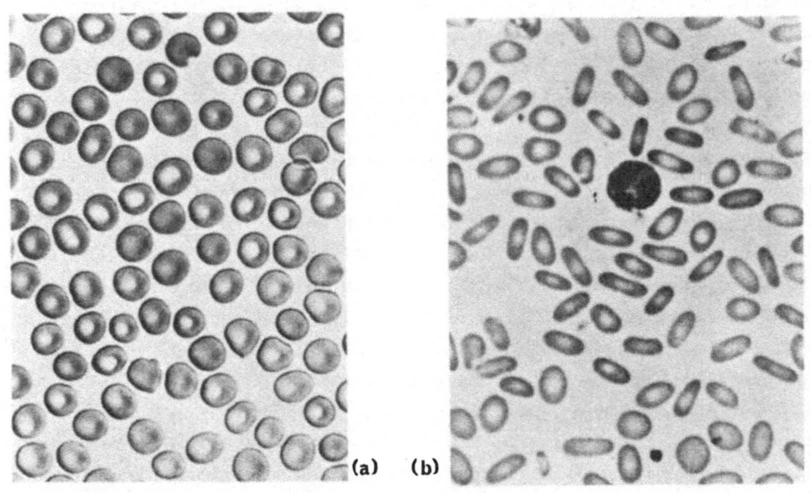

Abb. 6-5   (a) Normale rote Blutkörperchen (x 500).
(b) Rote Blutkörperchen bei Elliptozytose (x 500).
(Mit freundlicher Genehmigung von Dr. C. O.
Carter und Penguin Books Ltd.)

Die Anomalie ist normalerweise harmlos, doch kann eine Form sogar bei Heterozygoten zu Anämie führen. L a w l e r   und
S a n d l e r   (1954) fanden, daß das Gen, welches Elliptozytose
verursacht, mit denen des Rh-Blutgruppensystems gekoppelt ist.
Später wurde das gekoppelte Gen als harmlos erkannt, während die
andere Form der Elliptozytose, die Anämie verursacht, nicht an
Rh gekoppelt ist. Diese Erkenntnis ist für den Arzt sehr nützlich, da den Mitgliedern einer Familie mit der gekoppelten Form
gesagt werden kann, daß ihre Anomalie harmlos ist. Liegt jedoch
die nicht gekoppelte Form vor, sollte den Betroffenen geraten
werden, nicht Vetter oder Base ersten Grades zu heiraten. In
solch einem Fall könnten ihre Nachkommen stärker betroffen sein
als sie selbst. (Das Gen ist so selten, daß es sehr unwahrscheinlich ist, einen Heterozygoten aus der allgemeinen Bevölkerung zu
heiraten.)

Das Rh-Blutgruppensystem scheint sehr kompliziert zu sein. Hier
braucht nur erfaßt zu werden, daß es aus drei Allelenpaaren
CDE/cde besteht. Diese sind auf dem Chromosom so eng gekoppelt,
daß sie sich wie ein Gen verhalten; jedoch können sie in vielen
verschiedenen Kombinationen vorkommen (s. auch S. 78).

In Abb. 6-6 ist die Elliptozytose an den Genotyp CDe gekoppelt.
Die Probandin II.1 hat CDe/cDE. Sie heiratet einen Mann, der
CDe/cde hat. Darum gibt es ein "betroffenes" und auch ein "unbe-
troffenes" CDe-Chromosom. Jeder der Nachkommen, der cde erbt, muß
dies von seinem Vater haben, alle jene, die cDE besitzen, haben
dies von ihrer Mutter geerbt. In der dritten Generation kennen
wir den Ursprung der Rh-Gene bei III.2, III.3, III.4 und III.5
und wissen, daß nur III.4 Elliptozytose hat. III.3 (CDe/cDE) hat
keine Elliptozytose, weil sie CDe von ihrem Vater und cDE von
ihrer Mutter erhalten hat. Für die vierte Generation kennen wir
den vollständigen Rh-Genotyp des Ehemannes von III.4 nicht (er
ist in dem Stammbaum nicht aufgeführt). Wir vermuten aber, daß
er heterozygot CDe war, weil IV.2 diesen Genotyp hat und trotzdem nicht betroffen ist. IV.2 erhielt wahrscheinlich cde von ihrer Mutter und CDe von ihrem Vater. Der Mann IV.1 hat Elliptozytose, er wird von seiner Mutter mit dem Elliptozytose-Gen CDe be-

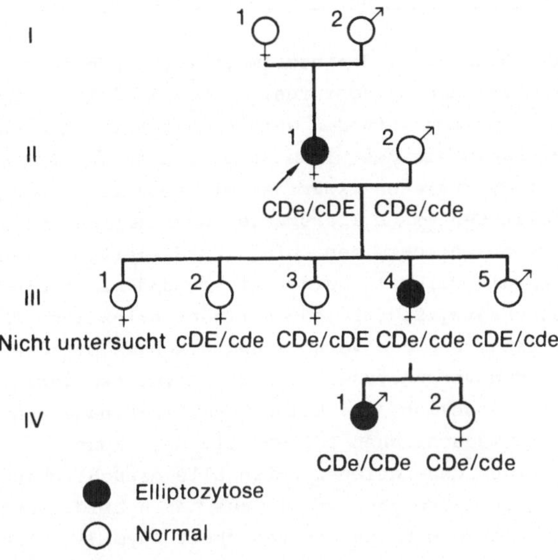

Abb. 6-6   Elliptozytose und das Rh-Blutgruppensystem.
(Mit freundlicher Genehmigung der Herren
Blackwell.)

kommen haben. Die einzige andere Erklärung dafür, daß IV.2 nicht
betroffen ist, ist die, daß in den Gameten von III.4 ein Crossing-
over zwischen der Geburt ihrer beiden Kinder stattgefunden hat,
wobei das Gen für Elliptozytose sich von ihrem CDe getrennt und
mit dem cde verbunden haben müßte. In diesem Fall hätte IV.2 CDe
von ihrer Mutter und cde von ihrem Vater erhalten.

In der ersten Ausgabe dieses Buches schrieben wir: "Die Feststel-
lung mag überraschen, daß es beim Menschen nur sehr wenige autosomale Koppelungen gibt", aber innerhalb von sechs Jahren hat
sich die Situation völlig geändert, weil neben Stammbaumanalysen
zwei andere Methoden Aufschwung gewonnen haben, nämlich die Zellhybridisierung und die Untersuchung von Deletionen.

6.4 <u>Erkennen von Koppelung durch Zellhybridisierung</u>

Seit langem ist bekannt, daß bestimmte Virusinfekte bei Tieren
und Menschen Läsionen hervorrufen, in denen häufig Zellen mit
zwei oder mehr Kernen gefunden werden. Jetzt ist bekannt, daß
dies auf der Fähigkeit des Virus beruht, einzelne Zellen zu verschmelzen. Das Virus kann experimentell benutzt werden, um verschiedene Zelltypen einer Tierspezies oder Zellen von verschiedenen Spezies zu verschmelzen. Die hybridisierten Zellen vereinigen in sich die Merkmale beider Eltern und haben einen doppelten Chromosomensatz. Später jedoch findet selektiver Chromosomenverlust statt, und die Veränderungen können mit den gleichzei-
tig auftretenden Veränderungen der Enzymsynthese verfolgt werden.
Z. B. wurden Mauszellen, die keine Thymidin-Kinase synthetisieren können mit menschlichen Zellen, die dies konnten, verschmolzen. Nach einigen Generationen waren alle menschlichen Chromosomen bis auf das Chromosom Nr. 17 aus den hybridisierten Zellen
ausgestoßen, trotzdem blieb die Fähigkeit Thymidin-Kinase zu
synthetisieren, erhalten. Dies zeigte, daß das Gen für dies Enzym
auf dem menschlichen Chromosom Nr. 17 liegt.

Ein anderer Nutzen der Zellhybridisierung besteht in dem Ersatz
eines fehlenden Enzyms. Dies ist wenigstens potentiell ein höchst
wichtiger Schritt zur Korrektur von Krankheiten beim Menschen.

Zellhybridisierung wurde auch bei der Untersuchung von Krebs an-
gewendet. H e n r y   H a r r i s   in Oxford hat hoch maligne
Maus-Tumor-Zellen mit nicht malignen Mauszellen verschmolzen
und die Hybridzellen dann in Mäuse transplantiert, die bestrahlt
worden waren, damit sie das Transplantat nicht abstießen (Be-
strahlung unterdrückt die Immunreaktion). Verglichen mit einer
Tumorbildung bei 100 % der Mäuse nach Injektion von nur malignen
Zellen entwickelten sich jetzt <u>nur bei einem Drittel</u> der Tiere
Tumoren. Das heißt, Krebs trat nicht auf, solange die Zellhybriden den vollständigen doppelten Chromosomensatz von jedem Elternteil behielten. Sobald sie nach der Teilung schrittweise
Chromosomen verloren, begannen die Zellhybriden wieder maligne
zu werden. Selektiver Chromosomenverlust kann also eine Ursache
dafür sein, daß Zellen maligne werden.

6.5 Erkennen von Koppelung durch die Untersuchung von Deletionen

Bestimmte Chromosomenanomalien des Menschen beruhen auf Deletionen. Ein Beispiel ist das Katzenschrei- oder Cri-du-chat-Syndrom. Es ist charakterisiert durch geistige Retardierung und ein seltsames miauendes Schreien infolge einer Schwäche und Unterentwicklung des oberen Teils des Kehlkopfes. Es wird verursacht durch eine Deletion (s. Glossar) des kurzen Arms des Chromosoms Nr. 5. Falls solch ein Kind zusätzlich eine rezessive Krankheit hätte und gezeigt werden könnte, daß einer der Eltern nicht das Gen dafür trägt, dann wäre die Folgerung, daß die rezessive Krankheit auch auf Chromosom Nr. 5 liegt. Als Ergebnis dieser Methode wurde eine Zeitlang angenommen, daß die Mukoviszidose auf Chromosom Nr. 5 liegt. Da sich aber die Heterozygotentests für Mukoviszidose als unzuverlässig erwiesen haben, ist dies nicht bestätigt worden.

Bislang ist die Nützlichkeit von Koppelungen in der Medizin begrenzt. Doch wenn mehr davon gefunden sein werden, wird ihre Bedeutung zunehmen, da sie die Möglichkeit bieten, Familienmitglieder "mit Risiko" zu identifizieren.

7. Assoziation - Beziehung zwischen Blutgruppen und Krankheiten

7.1 Ulcus duodeni (Duodenalulcus, Zwölffingerdarmgeschwür). Krankheitsbild

Der Zwölffingerdarm (so genannt, weil seine Länge ungefähr der Breite von zwölf Fingern entspricht) ist der oberste Abschnitt des Dünndarms; er schließt an den Magen an, von dem er durch den Pförtner-Schließmuskel (Pylorus) getrennt ist, und geht über in das Jejunum, den nächsten Abschnitt des Dünndarms. Geschwüre, also Schleimhautdefekte, treten gewöhnlich im ersten Teil des Zwölffingerdarms auf, da nur hier die Säure-Pepsin-Mischung aus dem Magen wirkt, während im zweiten Teil des Zwölffingerdarms der Inhalt alkalisch wird. Zwölffingerdarmgeschwüre sind ein Beispiel für "peptische" Geschwüre. Gefahr für ihr Auftreten besteht überall dort, wo Säure mit der Schleimhaut des Magen-Darm-Kanals in Berührung kommt, z. B. im Magen selbst, im unteren Ende der Speiseröhre, wenn der Muskel unzureichend schließt, und in einem angeborenen Sack (Meckelsches Divertikel), der manchmal im Dünndarm erhalten bleibt und säureproduzierende Zellen enthält. Abb. 7-1 zeigt zwei Röntgenbilder, eines mit normalem Zwölffingerdarm und eines mit Geschwür. Beide Aufnahmen wurden nach Einnahme von Kontrastmittel gemacht. Im rechten Bild ist das Geschwür in tiefere Schichten des Zwölffingerdarms durchgebrochen. Es zeigt darum viele Narben und Deformationen. Das Hauptsymptom des Zwölffingerdarmgeschwürs sind Schmerzen, die zwei Stunden nach der Mahlzeit auftreten und gewöhnlich nach Zufuhr weiterer Nahrung nachlassen. Gelegentlich kommen Darmblutungen vor und manchmal Durchbruch in die Bauchhöhle, was zu qualvollen Schmerzen und brettharter Bauchdeckenmuskulatur führt.

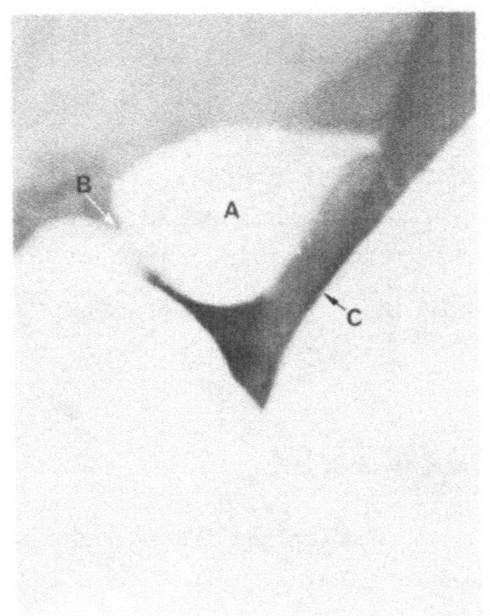
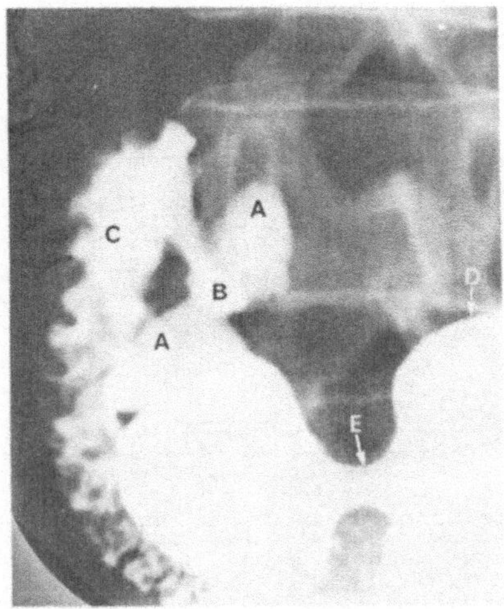

Abb. 7-1 Röntgenaufnahmen nach Gabe von Kontrastmittel:
(<u>links</u>) A. Normaler erster Teil des Zwölffingerdarms. B. Pyloruskanal. C. Kleine Kurvatur des Magens. (<u>rechts</u>) A. Durch Narben stark deformierter
erster Teil des Duodenum. B. Kontrastmittel in einem Geschwürkrater des Zwölffingerdarms. C. Beginn des Jejunum. D. Kleine Kurvatur des Magens.
E. Peristaltische Welle. (Mit freundlicher Genehmigung von Dr. G. Scarrow.)

7.2 <u>Faktoren, welche die Entstehung von Zwölffingerdarmgeschwü-</u>
<u>ren begünstigen. Assoziation mit der Blutgruppe 0</u>

Wenn sich ein Zwölffingerdarmgeschwür erst einmal gebildet hat,
kann es durch Faktoren wie erhöhte Magensäure, Rauchen und Angst
verschlimmert werden. Dies ist ziemlich gut gesichert. Es ist jedoch unbekannt, warum ein Ulcus überhaupt entsteht, denn es ist
normal, daß saurer Mageninhalt mit dem ersten Teil des Zwölffingerdarms in Berührung kommt, jeder hat gelegentlich Angst,
viele Menschen rauchen. Wahrscheinlich spielt Vererbung eine

Rolle, da Kinder von Patienten mit Zwölffingerdarmgeschwür oft am selben Leiden erkranken. Es liegt jedoch keine einfache Erblichkeit vor. Für eine genetische Prädisposition spricht eine auffallende Assoziation mit der Blutgruppe 0, besonders in jenen Fällen, wo das Geschwür geblutet hat. Das Hauptanliegen dieses Abschnitts ist es, zu zeigen, wie die Gültigkeit einer solchen Assoziation geprüft werden kann.

7.3 Test auf Assoziation zwischen zwei Merkmalen

Die Assoziation zwischen Blutgruppe 0 und Zwölffingerdarmgeschwür wurde nachgewiesen, indem eine große Anzahl Patienten mit der Krankheit und normale Kontrollpersonen untersucht wurden. In beiden Gruppen wurden die AB0-Blutgruppen bestimmt. Blutgruppe 0 überwog statistisch signifikant bei den Ulcus-Patienten. Normalerweise dienten gesunde Blutspender, Studenten und Krankenschwestern, als Kontrollpersonen, gelegentlich wurden aber auch Patienten mit anderen Krankheiten als einem Ulcus herangezogen. Letztere sind jedoch weniger geeignet, da immer die Möglichkeit besteht, daß die anderen Krankheiten einen Einfluß ausüben, der nicht berücksichtigt wurde. Ulcus- und Kontrollgruppe wurden dann mit dem Chi^2-Test* verglichen und der Chi^2-Wert war hoch signifikant. Für Liverpool ergab der Chi^2-Test beim Vergleich der Patienten und Kontrollpersonen mit der Blutgruppe 0 und nicht-0 den Wert 44,26 mit einer Wahrscheinlichkeit von $< 10^{-10}$, d. h., ein zufälliges Auftreten dieses Ergebnisses war höchst unwahrscheinlich. Eine Untersuchung dieser Art erfordert die Überlegung, ob es legitim ist, Daten aus verschiedenen Gegenden zusammenzufassen. Dies ist nicht erlaubt, wenn die Stichproben heterogen sind, d. h., wenn die relativen Anteile der betrachteten Merkmale in den einzelnen Stichproben signifikant voneinander abweichen. Der Chi^2-Test

---

* Zur Methode vergleiche B a i l e y (1959).

auf Heterogenität wird in genau der gleichen Weise wie der auf
Assoziation ausgeführt. Ist der gefundene Chi^2-Wert signifikant,
so bedeutet dies, daß die verschiedenen Stichproben heterogen
sind und nicht zusammengefaßt werden dürfen; ist Chi^2 nicht signifikant, dürfen sie zusammengefaßt werden. Bei den Untersuchungen über Zwölffingerdarmgeschwür erwiesen sich alle Daten als
homogen und damit zusammenfaßbar. Die Assoziation mit der Blutgruppe 0 erwies sich als sehr hoch signifikant.

7.4 Fehlermöglichkeiten bei der Auswahl von Kontrollgruppen

Obwohl diese Ergebnisse überzeugend wirken, muß bei der Auswahl
von Kontrollgruppen eine besondere Fehlerquelle unbedingt beach-
tet werden, nämlich rassische Schichtungen. Hiermit ist die unvollständige Durchmischung von Populationen aus unterschiedlichen
Ursprüngen gemeint. Zum Beispiel kommt ein bestimmter Rhesus-
Blutgruppenkomplex, bekannt als cDe (s. S. 78) bei afrikanischen
Negern sehr häufig vor, während er bei Weißen selten gefunden
wird. In einer gemischten Population wäre es höchst unwahrscheinlich, daß Schwarze und Weiße unabhängig von der Hautfarbe den
Partner wählten. Daher bestände in der Population anscheinend eine Assoziation zwischen dunkler Hautfarbe und dem Rh-Komplex cDe.
Dies ist ein extremes Beispiel, aber weniger klar erkennbare Stu-
fen von Schichtungen sind häufig. So gibt es in England jüdische
Gemeinden, in denen häufig untereinander geheiratet wird. Würde
hier eine Assoziation zwischen dunklem Teint und Diabetes gefunden (eine Krankheit, die bei Juden sehr häufig auftritt), wäre
diese natürlich rassischen und nicht genetischen Ursprungs.

7.5 Testmethode auf Assoziation mit Geschwistern von Patienten
als Kontrollgruppen

Es erscheint zwar unwahrscheinlich, daß rassische Unterschiede
a priori die Assoziation zwischen Blutgruppe 0 und Zwölffingerdarmgeschwür bewirken, doch könnten sie einen Einfluß ausüben.

Um auch diese Möglichkeit auszuschließen, nahm unsere Arbeits-
gruppe in Liverpool auf Vorschlag von Prof. L. S. P e n r o s e
die gesunden Geschwister der Patienten als Kontrollgruppen. Im
einzelnen wurde nach folgender Methode vorgegangen:

1.) Die Geschwisterschaften müssen sowohl für Blutgruppen als
auch für Ulcus/nicht-Ulcus aufspalten (d. h. es müssen sowohl
Personen mit und ohne Ulcus und auch 0 und nicht-0 vorkommen).

2.) Die Wahrscheinlichkeit, daß der Patient die Blutgruppe 0 hat,
wird in jeder Geschwisterschaft getrennt berechnet. Nehmen wir
an, in einer Familie seien vier Geschwister, zwei mit der Blutgruppe 0 und zwei mit nicht-0 (z. B. A). Eines von diesen hat
ein Ulcus. Die Wahrscheinlichkeit des Ulcus-Patienten, die Blutgruppe 0 zu haben, ist 50 %, d. h. 0,5. Also ist 0,5 der "erwar-
tete" Wert in dieser Geschwisterschaft. Aus den Unterlagen wird
nun die Blutgruppe des Patienten entnommen. Hat er tatsächlich
Blutgruppe 0, dann wird für diese Geschwisterschaft die Zahl 1
eingesetzt. Hat er jedoch die Blutgruppe A, so wird für diese
Geschwisterschaft die Zahl 0 (Null) eingesetzt. Diese Methode
berücksichtigt die unterschiedliche Häufigkeit der Blutgruppen 0
und nicht-0 in den Geschwisterschaften. Haben beispielsweise in
einer Familie sechs Geschwister die Blutgruppe 0 und hat nur einer die Blutgruppe A, so ist die Wahrscheinlichkeit, daß der Patient die Blutgruppe 0 hat, wesentlich größer, als wenn sechs Geschwister die Blutgruppe A hätten und nur eines die Blutgruppe 0.

Nachdem dies für alle Familien durchgeführt worden ist, liegt ein
"erwartetes" und ein "beobachtetes" Gesamtergebnis vor. Es muß
dann geprüft werden, ob ein statistisch signifikanter Unterschied
zwischen beiden besteht. Dies wird folgendermaßen gemacht (es
erfordert die Bestimmung der Varianz in jeder einzelnen Familie):

a) Für jede Familie wird die Zahl der Geschwister mit Blutgruppe 0 durch die Gesamtzahl dividiert. Dies liefert den "erwarteten" Anteil von Ulcus-Fällen mit Blutgruppe 0.

b) Dieser Anteil wird mit der Zahl der Geschwister, die nicht-0
haben, multipliziert und wieder durch die Gesamtzahl der Ge-

schwister dividiert. Dies ergibt die Varianz des "erwarteten"
Wertes.

In dem von uns angenommenen Beispiel der vier Geschwister, - von
denen zwei die Blutgruppe 0 und zwei A haben, - hat der Patient
die Wahrscheinlichkeit 1/2 für die Blutgruppe 0. Die Varianz beträgt hier 1/4 (s.   B a i l e y , 1959).

c) Es wird nun die Summe der "beobachteten" und die der "erwarteten" Werte gebildet und deren Differenz bestimmt.

d) Aus der Summe aller Varianzen wird die Quadratwurzel gezogen.
Dies ergibt die Standard-Abweichung der Differenz der Summen aus
den "beobachteten" und den "erwarteten" Werten. - Die "beobachteten" sind natürlich die Ulcus-Patienten, die tatsächlich Blutgruppe 0 haben, und die "erwarteten" sind jene, die erwartungsgemäß
Blutgruppe 0 haben sollten.

e) Schließlich wird die Differenz der Summen aus den "beobachteten" und den "erwarteten" Werten durch die Standard-Abweichung der
Differenz geteilt, d. h., der Wert aus c) wird durch den Wert aus
d) geteilt. <u>Die Differenz der Summen aus den "beobachteten" und
den "erwarteten" Werten ist statistisch signifikant, wenn sie
größer ist als die zweifache Standard-Abweichung.</u>

Nachdem die Ergebnisse von etwa 160 aufspaltenden Geschwisterschaften vorlagen, fanden sich zwar deutlich mehr Ulcus-Patienten mit Blutgruppe 0 als zu erwarten war, doch war der Unterschied
zu unserer Überraschung nicht statistisch signifikant. Nachdem unsere Ergebnisse aber mit geeigneten aus den USA zusammen ausge-
wertet worden waren, stellte sich ein statistisch signifikanter
Unterschied heraus, und die anerkannte Meinung ist jetzt, daß
tatsächlich eine Assoziation zwischen Blutgruppe 0 und Ulcus
duodeni besteht (s. C l a r k e   et al., 1956).

7.6 <u>Assoziation als Effekt nach Bluttransfusion</u>

Eine andere Fehlermöglichkeit, die in Liverpool entdeckt wurde,

war eine vermeintliche Assoziation zwischen Zwölffingerdarmgeschwür und den Rhesus-Blutgruppen. Es stellte sich aber heraus,
daß diese Assoziation nur als Effekt nach Bluttransfusion aufgetreten war. Dies erscheint so interessant, daß es im folgenden
genauer beschrieben werden soll. Wenn Menschen einfach nur in
Rh-positiv und Rh-negativ eingeteilt werden, ergibt sich keine
Assoziation zwischen Rh-Typ und Duodenalulcus. Es gibt aber bekanntlich mehrere Möglichkeiten Rh-positiv zu sein, weil die Rh-
Blutgruppe nicht durch ein Gen determiniert wird, sondern durch
drei eng gekoppelte Gene; jeder Mensch erbt zwei solche Gensätze
(von jedem der Eltern einen), und jeder Satz wird als Einheit vererbt. Jede Einheit besteht aus einer Kombination der vorher erwähnten C, D, E, c, d und e Antigene. Diese können bis auf d alle
durch entsprechende Antiseren identifiziert werden. Das Antiserum
für d wurde bislang noch nicht gefunden (es wird angenommen, daß
jeder Mensch, bei dem kein D nachgewiesen wird, homozygot dd ist).
Da jeder Mensch zwei Einheiten erbt, ist offensichtlich, daß jeder eine Zweierkombination von jedem der Antigene C/c, D/d, E/e
erhält.

Bestimmte Rh-positive Kombinationen sind häufiger als andere.
In Großbritannien werden besonders oft die folgenden gefunden:

CDe/cde	oder	R_1r	(34,9 %),
cDE/cde	oder	R_2r	(14,1 %),
CDe/cDE	oder	R_1R_2	(13,4 %).

Was die Rh-negativen Kombinationen betrifft, so sind streng ge-
nommen nur jene Menschen Rh-negativ (rr), die zweimal den Satz
cde haben. Bei der praktischen Untersuchung in der Klinik, wo
Blut normalerweise nur mit Anti-D getestet wird, werden Menschen mit einem Genotyp wie cdE/cde oder Cde/cde auch als Rh-
negativ klassifiziert.

B u c k w a l t e r   und   T w e e d   (1962) stellten den Genotyp ihrer Patienten fest (d. h. sie testeten nicht nur auf Vorhandensein oder Fehlen des D-Antigen) und fanden eine hoch signi-
fikante Assoziation zwischen der Rh-positiven Kombination CDe/cDE
(R_1R_2) und Ulcus duodeni und auch zwischen dem Blutgruppensystem

MN und dieser Krankheit (beim MN-Blutgruppensystem können die
Heterozygoten MN serologisch erkannt werden).

Unser sehr erfahrener technischer Assistent, Herr W. T. A.
D o n o h o e , kam auf die Idee, daß Transfusion die Ursache
der Assoziation sein könnte. Er hatte (wie auch viele andere Leute, die selbst Untersuchungen durchführen) beobachtet, daß bei
Anwendung der fünf üblichen Rh-Antiseren nach einer Transfusion
manchmal eine gemischte Zell-Agglutination auftrat, die anzeigte,
daß die transfundierten Zellen Antigene enthielten, welche der
Empfänger zuvor nicht gehabt hatte. Diese traten als Inselchen
von agglutinierten Zellen auf. Ein Mensch wird aber auch dann als
positiv eingeordnet, wenn nur ein Teil seiner Zellen mit dem entsprechenden Antikörper agglutiniert.

Wenn man von den Häufigkeiten der verschiedenen Rh-Genotypen in
der Bevölkerung ausging, war zu erwarten, daß die Kombination
R_1R_2 genau diejenige war, die ansteigen würde, wenn Bluttransfusion die Ursache der Assoziation mit Zwölffingerdarmgeschwür
wäre. In gleicher Weise würde bei den MN-Blutgruppen die Häufigkeit von MN nach Transfusion ansteigen.

Tabelle 3 soll den Sachverhalt veranschaulichen. Die letzte Spal-
te ist besonders beachtenswert. Dort ist zu sehen, welche Antigene der Patient nach Bluttransfusion zusätzlich erhalten hat.
Es ist bemerkenswert, daß diese Antigene oft noch einen Monat
nach der Transfusion nachweisbar sind.

Schließlich untersuchten wir Patienten mit Zwölffingerdarmgeschwür, die in der Klinik behandelt wurden (auf der Inneren oder
der Chirurgischen Station) und fanden die Assoziation mit R_1R_2,
die B u c k w a l t e r und T w e e d beschrieben haben,-
jedoch waren über die Hälfte der Patienten kurz zuvor transfundiert worden. Dagegen unterschieden sich in einer Serie von ambu-
lanten Ulcus-Patienten, die in der letzten Zeit nicht transfundiert worden waren, die Häufigkeiten der Typen CDe/cDE nicht signifikant von denen in der Durchschnittsbevölkerung. Ein ähnlicher
Befund ergab sich für die MN-Blutgruppen (C l a r k e et al.,
1962).

<u>Tabelle 3:</u>

Blutgruppen vor und nach Transfusion der angegebenen Blutmenge

Fall Nr.	Patient vor Transfusion	Spender-Blut	Patient nach Transfusion
1	CDe/CDe MM	cDE/cde NN cDe/cde MN (1140 ml)	CDe/cDE MN erhielt c, E und N Antigene
2	CDe/cde NN	cDE/cde MM (570 ml)	CDe/cDE MN erhielt E und M Antigene
3	cDE/cde MN	CDe/CDe MM CDe/cde MM (1140 ml)	CDe/cDE MN erhielt C Antigen
4	cDE/cde MM	CDe/cDE NN cDE/cde MN cDE/cde MN CDe/cde MN (2275 ml)	CDe/cDE MN erhielt C und N Antigene
5	CDe/cde MN	CDe/CDe MM cDE/cde MN cDE/cde MN (1700 ml)	CDe/cDE MN erhielt E Antigen
6	cDE/cde NN	CDe/cde MM CDe/cDE MN (1140 ml)	CDe/cDE MN erhielt C und M Antigene

C l a r k e   et al. (1962). Mit freundlicher Genehmigung des Herausgebers von "THE BRITISH MEDICAL JOURNAL".

Angesichts einer unklaren Assoziation - wie auch einer unklaren Diagnose - sollte man zunehmend an die Möglichkeit denken, hat vielleicht die Behandlung irgendetwas damit zu tun?

7.7 Oesophaguscarcinom (Speiseröhrenkrebs) und Keratoma palmare et plantare hereditarium (erbliche Hand- und Fußverschwielung)

1958 wurden in Liverpool zwei bemerkenswerte Familien entdeckt (seither sind noch mehrere solcher Familien beschrieben worden): Etwa die Hälfte der Familienmitglieder hatte eine Hautanomalie, die durch Hyperkeratose (Verschwielung) der Handinnenflächen und Fußsohlen gekennzeichnet ist. Die Anomalie wird als autosomal dominantes Merkmal vererbt. Das Interessante der Keratose in diesen Familien ist, daß die Betroffenen mit hoher Wahrscheinlichkeit auch ein Carcinom am unteren Ende der Speiseröhre entwickelten, während kein Familienmitglied, das frei von der Hautanomalie war, Krebs bekommen hat. Abb. 7-2 zeigt einen Teil von einer der Liverpooler Familien.

Es ist anzunehmen, daß in diesen besonderen Familien das Gen für das Keratom auch die maligne Entartung des geschichteten Oesophagusepithels verursacht hat, - in anderen Worten, das Gen hat hier einen pleiotropen Effekt (s. Glossar), der zu einer "Assoziation" führt. Es ist jedoch andererseits möglich, daß zwei gekoppelte Gene vorliegen, von denen eines das Keratom, das andere das Carcinom hervorruft. Sie könnten so eng gekoppelt sein, daß kein Crossing-over vorgekommen ist. Mit unserem gegenwärtigen Wissen kann dies weder bewiesen noch widerlegt werden. Wenn aber Familien gefunden würden, in denen einige Familienmitglieder den Krebs und andere das Keratom hätten, so müßte dies als Aufspaltung gekoppelter Gene interpretiert werden. Das bedeutet, die Assoziation wäre verschwunden und der Befund spräche sehr stark für Koppelung.

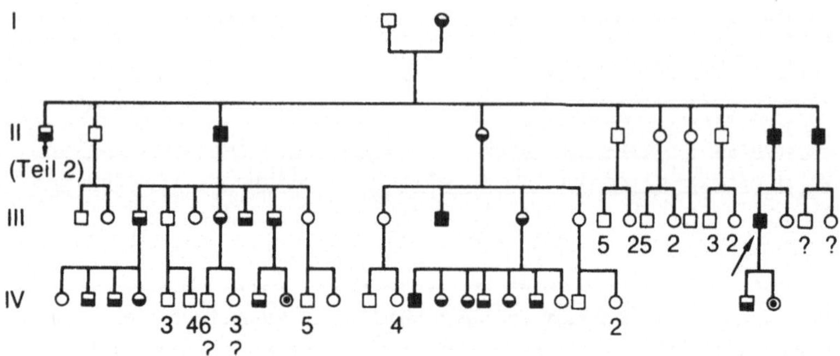

Abb. 7-2   Stammbaum mit Oesophaguscarcinom und Keratoma
palmare et plantare. (Mit freundlicher Genehmigung der Herren Blackwell.)
* Die Ziffern bedeuten stets die Personenzahl.

7.8   Koppelungsungleichgewicht

Als die erste Ausgabe dieses Buches geschrieben wurde, glaubte
der Autor, Koppelung zwischen zwei Loci sei ein Zufall und berge
keine Kausalität in sich, während Assoziation kausal sein könnte.
Doch ist "Koppelungsungleichgewicht" inzwischen in den genetischen Sprachgebrauch eingegangen und beinhaltet die Vorstellung,
welche unter "Entstehung eines Supergens" dargelegt wurde (s.S.45).
Beim Koppelungsungleichgewicht treten Allelenpaare an verschiedenen Loci häufiger auf, als bei zufälliger Aufspaltung zu erwarten
wäre. Diese Möglichkeit ist insbesondere für das HLA-System bei

Krankheiten bedeutsam (s. S. 54). Jedoch gibt es ein rätselhaftes Problem. Viele der Krankheiten, die mit bestimmten HLA-Typen assoziiert sind, überwiegen entweder im männlichen _oder_ im weiblichen Geschlecht, und doch ist das Koppelungsungleichgewicht in beiden Geschlechtern gleich.

8. Chromosomen

8.1 Allgemeines

Die somatischen Zellen, gleichgültig aus welchem Organ, besitzen
22 Autosomenpaare und zwei Geschlechtschromosomen, je ein X- und
Y-Chromosom im männlichen, zwei X-Chromosomen im weiblichen Geschlecht. Es ist möglich, die Chromosomen zu untersuchen und zu
zählen, aber sie können nur in aktiv sich teilenden Zellen beobachtet werden. Deshalb werden oft Knochenmark, Zellkulturen von
Lymphozyten des peripheren Blutes oder von Hautzellen analysiert.
Gleichgültig, welcher Gewebetyp untersucht wird, die Chromosomen
erscheinen immer so wie in Abb. 8-1. Die Chromosomen befinden sich

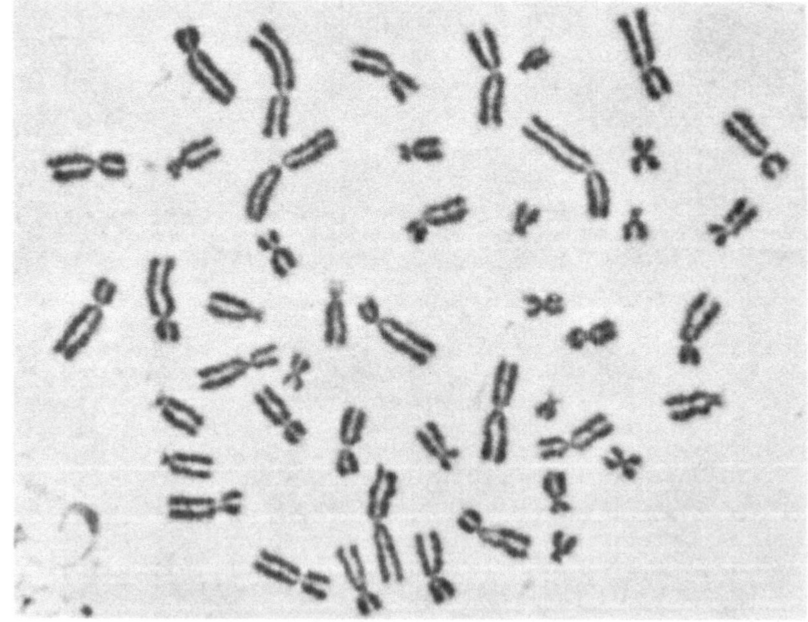

Abb. 8-1 Die 46 Chromosomen einer einzelnen männlichen Zelle während der Mitose. Die Chromosomen haben sich
verdoppelt, werden aber noch durch das Centromer
zusammengehalten. (Mit freundlicher Genehmigung
von Dr. S. Walker, Universität Liverpool.)

dabei im Stadium der Mitose und <u>nicht</u> der Meiose. Die beiden Teile des sich längsspaltenden Chromosoms nennt man Chromatide. Sie
werden an einer Art "Taille", dem Centromer, zusammengehalten.
Liegt das Centromer nahe am Mittelpunkt des Chromosoms, so nennt
man es metazentrisch, liegt es mehr an den Enden, so wird es als
akrozentrisch bezeichnet. Die Chromosomen haben einen langen und
einen kurzen Arm.

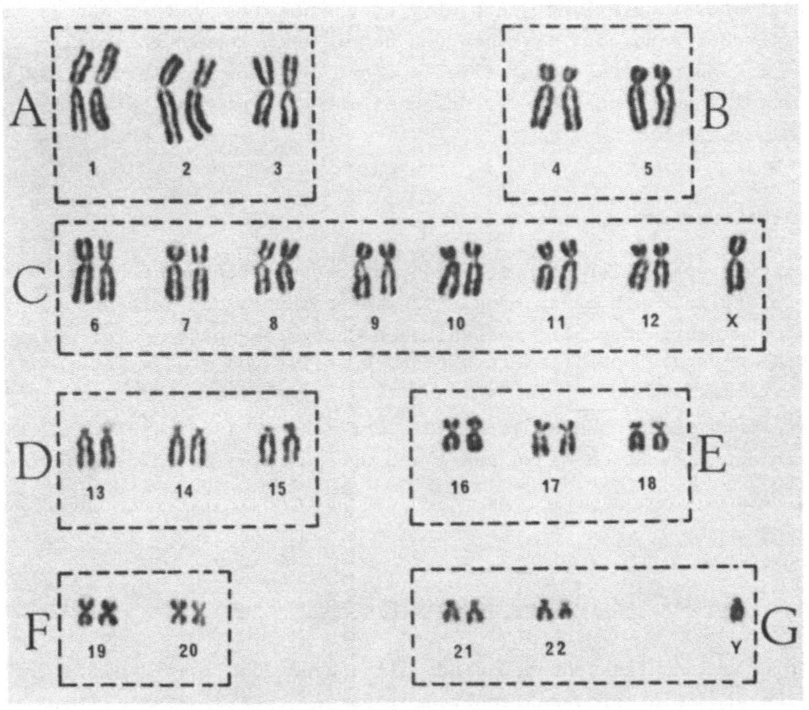

Abb. 8-2 Dieselben 46 Chromosomen wie in Abb. 8-1. Die
Chromosomen sind nach Größe geordnet und von 1-22
numeriert. X und Y sind nicht numeriert. Die Buch-
staben A - G zeigen die verschiedenen Gruppen; die
einzelnen Chromosomen jeder Gruppe können neuer-
dings durch ihre Querbanden unterschieden werden.
(Mit freundlicher Genehmigung von Dr. S. Walker,
Universität Liverpool, und der Herren Blackwell.)

Abb. 8-2 zeigt, wie nach allgemeiner Übereinkunft die 22 Autosomenpaare ihrer Größe nach geordnet und numeriert werden. X- und
Y-Chromosom sind nicht numeriert.

Die Meiose findet nur in den Keimzellen statt. Hierbei wird die
Zahl der Chromosomen auf die Hälfte reduziert, so daß jedes
Spermium und jede Eizelle nur 23 Chromosomen besitzt. Während
der Reduktionsteilung (Meiose) findet ein Crossing-over des genetischen Materials zwischen den homologen Chromosomen statt,
so daß keine Samen- oder Eizelle genau der anderen gleicht. Das
Crossing-over ist eine der Ursachen für die Variabilität innerhalb einer Art.

Färbemethoden

Mittels spezieller Färbemethoden (Fluoreszenzfärbung und Ultra-
violettlicht-Mikroskopie oder Giemsa*-Färbung nach Vorbehandlung)
können heutzutage alle menschlichen Chromosomenpaare durch ihr
Bandenmuster identifiziert werden. Dies ist von großem Wert bei
der Erkennung von Anomalien. Abb. 8-3 zeigt eine schematische Darstellung dieser Bandenmuster. Die Chromosomen (des männlichen Geschlechts) sind dabei in Paare und Gruppen wie in Abb. 8-2 geordnet.

8.2 Das Barr-Körperchen und die Lyon-Hypothese

Chromosomenuntersuchungen sind zeitraubend, und wenn Verdacht auf
eine Anomalie der Geschlechtschromosomen besteht, können Vorun-
tersuchungen an Epithelien der Mundschleimhaut des Patienten
hilfreich sein. Im weiblichen Geschlecht findet man normalerweise ein kleines, dunkel gefärbtes Körperchen innerhalb der Kernmembran, welches beim Mann nicht vorkommt. Dieses ist als Barr-
körperchen (s. Abb. 8-4) bekannt. Es zeigt an, daß zwei

---

* Giemsa ist ein bekannter Farbstoff, der normalerweise die Chromosomen einheitlich blau anfärbt, jedoch nach einer Vorbehandlung mit Trypsin zeigt jedes Chromosom ein charakteristisches
  Bandenmuster.

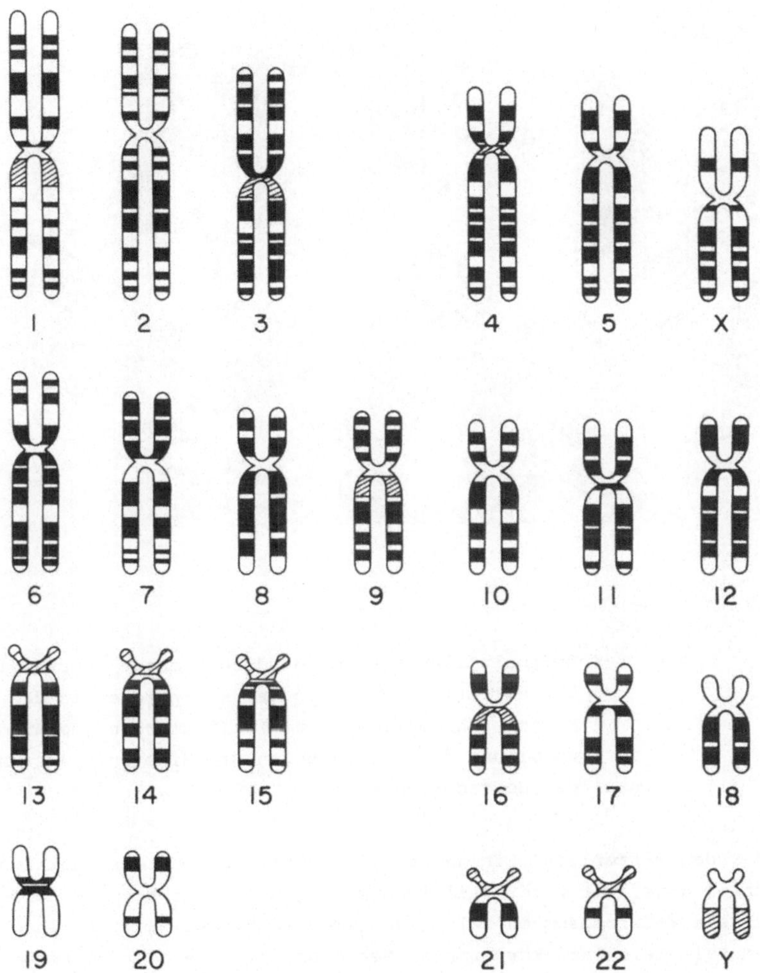

Abb. 8-3   Schematische Darstellung der Bandenmuster der einzelnen Chromosomen nach Fluoreszenz- und Giemsa-Färbung.
(Nach   E m e r y , 1975. Mit freundlicher Genehmigung des Autors und der Herren Livingstone.)

X-Chromosomen im Kern vorhanden sind. Die Lyon-Hypothese besagt,
daß nur eines der beiden X-Chromosomen (entweder das väterliche

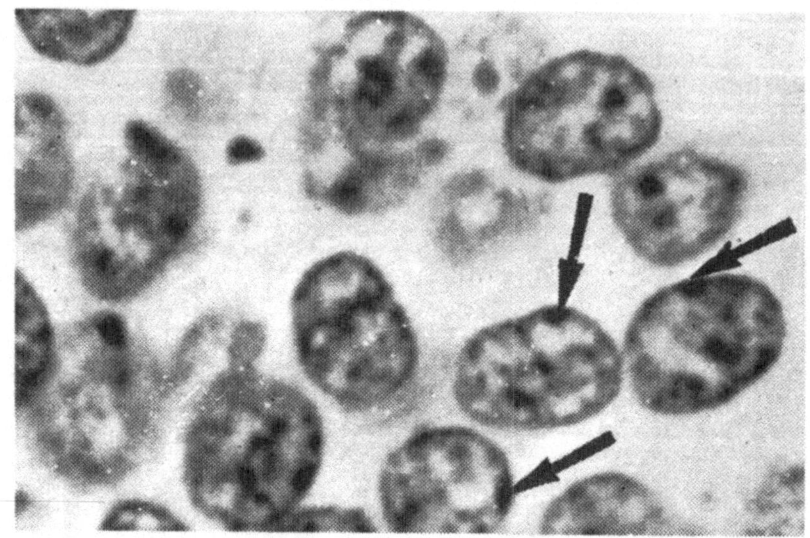

Abb. 8-4 Epithelzellen aus der Mundschleimhaut einer weiblichen Patientin zeigen Barr-Körperchen in den
Kernen (Chromatin-positiv). (Mit freundlicher Genehmigung des verstorbenen Dr. Winston Evans und
der Herren Blackwell.)

oder das mütterliche) in jeder Zelle aktiv ist und das inaktive
dunkel angefärbt wird. Weil im männlichen Geschlecht jede Zelle
nur ein Y-Chromosom enthält, das immer aktiv ist, gibt es in diesem Fall kein Barr-Körperchen. Menschen, die ein oder mehrere
Barr-Körperchen besitzen, werden als "Chromatin-positiv", solche,
die keines besitzen, als "Chromatin-negativ" bezeichnet. Es ist
anomal, wenn eine Frau mehr als ein Barr-Körperchen oder gar keines besitzt; bei Männern ist es anomal, wenn sie eins haben.

Schwierigkeiten bei der Lyon-Hypothese verursacht das X-gekoppelte Xg-Blutgruppensystem. Frauen mit normalen Geschlechtschro-

mosomen, die heterozygot Xg^a/Xg sind, haben von einem Elternteil Xg^a, vom anderen Xg erhalten. Nach der Lyon-Hypothese sollten eigentlich zwei Sorten von roten Blutkörperchen vorhanden sein, eine, die das Xg^a-Antigen besitzt und eine andere, die es nicht hat. Dies ist jedoch nicht so - in allen roten Blutkörperchen ist das Antigen vorhanden. Offenbar ist das normale X-Chromosom nicht über seine gesamte Länge inaktiv, im abnormen Zustand (z. B. Isochromosomen) scheint es aber völlig inaktiv zu sein. Von allgemein biologischem Interesse ist die Tatsache, daß bei Schmetterlingen die Weibchen (die XY haben) auch ein heteropyknotisches Körperchen besitzen (das "Smith"-Körperchen). Dieses stellt wahrscheinlich das Y-Chromosom dar, obwohl die Inaktivierung nicht vollständig ist.

8.3 Internationale Nomenklatur

Durch Übereinkunft werden alle Chromosomenanomalien durch eine Abkürzung beschrieben. Ein normaler weiblicher Chromosomensatz wird mit 46,XX, ein normaler männlicher mit 46,XY bezeichnet. Der Buchstabe "p" steht für den kurzen, "q" für den langen Arm, "t" kennzeichnet eine Translokation, "i" ein Isochromosom (s. u.). Ein Plus-Zeichen vor einer Zahl oder einer Gruppe bedeutet, daß ein zusätzliches Chromosom vorhanden ist, ein Minus-Zeichen, daß es fehlt - und zwar in beiden Fällen ein ganzes Chromosom. Steht das Plus- oder Minus-Zeichen nach der Zahl oder Gruppe, so bedeutet dies, daß nur ein Teil eines Chromosoms verdoppelt ist oder fehlt. Diese Abkürzungen gelten für die im folgenden beschriebenen Chromosomenveränderungen. Es sind einfache Beispiele; in anderen Fällen kann die Nomenklatur sehr viel komplizierter sein. Es sei daran erinnert, daß die Geschlechtschromosomen nicht wie die Autosomen numeriert sind.

8.4 Vier Krankheitsbilder bei Chromosomendefekten

Die hier beschriebenen vier Krankheitsbilder haben alle einen Karyotyp mit anomaler Chromosomenzahl. In einem Fall ist die Zahl der Autosomen, in den anderen drei Fällen die Zahl der Geschlechtschromosomen verändert. Allerdings können gelegentlich zwei der Krankheitsbilder auch durch einen strukturellen Defekt entstehen.

8.4.1 Down-Syndrom (Mongolismus), verursacht durch ein zusätzliches kleines Autosom

1866 wurde das Leiden von L a n g d o n - D o w n zum ersten Mal beschrieben und nach ihm benannt. Obwohl es gewöhnlich wegen der schräggestellten Augen und des leicht abgeplatteten Gesichts als Mongolismus bekannt ist, erscheint dies aus Gründen der internationalen Höflichkeit kein passender Name. (In jedem Fall ist es interessant, daß Asiaten meinen, die Patienten hätten ein europäisches Aussehen und die Ähnlichkeit zu den östlichen Rassen sei höchstens oberflächlich. Tatsächlich ist es ganz einfach, einen Patienten mit Down-Syndrom bei der asiatischen Rasse zu erkennen). Zu der eigenartigen Physiognomie und dem nahen Augenabstand gehören auch der kleine Wuchs und die geistige Behinderung unterschiedlichen Grades, aber die Kinder sind freundlich und herzlich. Bei Neugeborenen kann das Leiden durch einen zu kleinen, ovalen Kopf, niedrig angesetzte Ohren, kleine Ohrläppchen und schräg nach oben gerichtete Lidspalten erkannt werden. Die Nasenbrücke fehlt oder ist nur schwach ausgebildet, der Mund ist meist geöffnet, und die Zunge hängt heraus. In der Iris sind grauweiße Flecken zu erkennen (Brushfieldsche Flecken). Der kleine Finger ist oft kurz und nach innen gebogen. Die Hände sind breit, Fingeranomalien und abnorme Handlinienmuster kommen vor. Die voraussichtliche Lebenserwartung lag gewöhnlich bei 8 Jahren. Die Kinder sterben an Infektionen und Herzfehlern, und sie sind mehr als gewöhnlich für Leukämie anfällig. Heutzutage aber mit Antibiotikatherapie und Herzchirurgie leben die Kinder sehr viel länger.

Tabelle 4 zeigt die Häufigkeit des Down-Syndroms bei unterschiedlichem Alter der Mutter (sowie das Risiko für noch nachfolgende

Kinder). Offensichtlich haben ältere Mütter ein höheres Risiko
als jüngere. Das Alter des Vaters scheint keine Rolle zu spielen.

Der gewöhnliche Typ des Down-Syndroms wird durch sog. Non-disjunction (s. Glossar) bei dem kleinen Chromosomenpaar Nr. 21 verursacht. Der Mongoloide ist trisom für dieses Chromosom und hat deshalb die Gesamtzahl von 47 anstatt 46 Chromosomen. Die fachliche
Bezeichnung für diesen Zustand ist "Trisomie 21" (47,XX,+21 im
weiblichen, 47,XY,+21 im männlichen Geschlecht).

Trisomien werden auch durch verschiedene Fehler bei der Zellteilung hervorgerufen. Der häufigste Fall ist bekannt als meiotisches
Non-disjunction, bei dem sich ein Chromosomenpaar während der Sa-
men- oder Eizellentwicklung nicht teilt. Dies führt dazu, daß eine Zelle beide Chromosomen eines Chromosomenpaares enthält und
die andere keines. Wenn eine Zelle mit dem überzähligen Chromosom bei der Befruchtung mit einer normalen Zelle (Samen- oder Eizelle) verschmilzt, so wird das daraus hervorgehende Kind trisom

Tabelle 4: Trisomie 21 in Abhängigkeit vom Alter der Mutter

Alter der Mutter (Jahre)	Risiko für Trisomie 21	Wiederholungsrisiko für Trisomie 21
20 - 30	1 : 1500	1 : 500
30 - 35	1 : 750	1 : 250
35 - 40	1 : 600	1 : 200
40 - 45	1 : 300	1 : 100
45 -	1 : 60	1 : 20

R e d d i n g und H i r s c h o r n (1968). Mit freundlicher Genehmigung des Autors und Herausgebers von MARCH OF
DIMES ORIGINAL ARTICLE SERIES, Vol. IV, No. 4.

für dieses Chromosom sein und in allen Zellen 47 Chromosomen haben. Wenn die Zelle mit dem fehlenden Chromosom sich mit einer
normalen Zelle vereinigt, wird das daraus sich entwickelnde Kind
monosom für dieses Chromosom sein und nur 45 Chromosomen haben.

Monosomien der Autosomen sind in der Regel letal.

8.4.2 Down-Syndrom verursacht durch Translokation 15 (oder 14)/21
45,XX,-21 +t(DpGp) weiblich; bzw. 45,XY,-21 +t(DpGp) männlich

Weniger häufig entsteht das Down-Syndrom durch eine Translokation (s. Glossar) zwischen dem Chromosom Nr. 15 und Nr. 21. Abb. 8-5

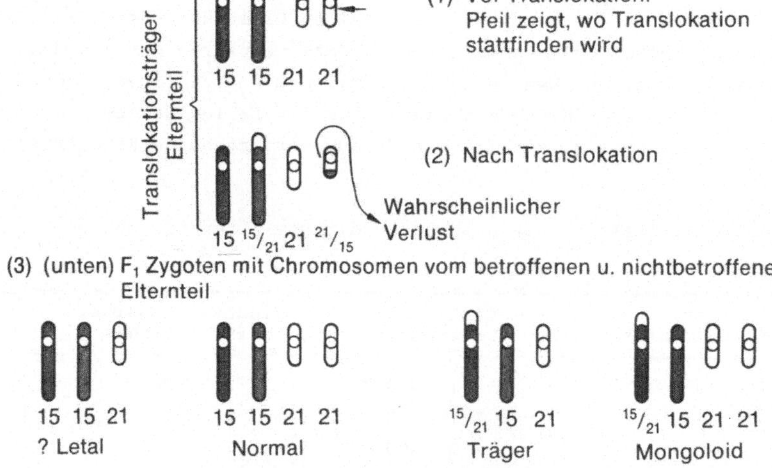

Abb. 8-5 Translokation in einer Familie mit Mongolismus. (Mit freundlicher Genehmigung der Herren Blackwell.)

zeigt den Weg der Vererbung bei diesem Typ von Mongolismus. Ein Teil des Chromosoms 15 und ein Teil des Chromosoms 21 sind miteinander verschmolzen. Die Person, die die Abnormität trägt, ist nicht krank; denn sie ist zwar Trägerin des abnormen Chromosoms, das aus zwei Chromosomen-Teilen zusammengesetzt ist, hat aber kein überzähliges Chromosomenmaterial. Jene Kinder aber, die so-

wohl das abnorme als auch das normale Chromosom Nr. 21 von ihr
erben, werden eine Trisomie haben, da sie ein weiteres normales
Chromosom Nr. 21 vom anderen Elternteil erhalten haben.

Dieser Typ des Down-Syndroms kommt bei Kindern jüngerer Mütter
vor. Er hängt nicht von einer gestörten Chromosomenverteilung ab,
die teilweise auf das Alter der Mutter zurückzuführen ist, sondern er wird durch die direkte Vererbung eines abnormen Chromosoms hervorgerufen. Wo immer Mongolismus in einer Familie vorkommt, oder wenn eine junge Mutter bereits ein mongoloides Kind
geboren hat und weitere Kinder haben möchte, ist es wichtig, ihre
Chromosomen und die ihres Mannes zu untersuchen. Es sollte die
Pflicht des Arztes sein, eine solche Untersuchung zu veranlas-
sen. Wird eine Translokation bei einem der Eltern gefunden, so
kann nach Abb. 8-5 das Kind die Translokation erben. Wenn es die
Translokation und ein Chromosom Nr. 21 vom einen Elternteil erbt,
so wird es am Down-Syndrom erkranken, weil es überzähliges Chro-
matin besitzt. Das andere Chromosom Nr. 21 erhält es vom normalen
Elternteil. Anomale Gameten werden jedoch weniger häufig als normale gebildet, insbesondere beim Mann. Wenn der Vater Transloka-
tionsträger ist, ist das Risiko deshalb geringer, als man nach
dem oben Gesagten erwarten würde.

8.4.3 <u>Mosaikzustand beim Down-Syndrom</u>

Manchmal entsteht ein Non-disjunction erst nach der Zygotenbil-
dung, also während der mitotischen Teilung. Fehlverteilungen können dann bei jeder Zellteilung vorkommen, so daß mehrere Zellinien
nebeneinander bestehen, ein Zustand, der als chromosomales Mosaik
bekannt ist (s. Abb. 8-6). Der Mosaikzustand beim Down-Syndrom
ist von besonderem Interesse für den Arzt, da man nicht selten
Patienten mit normaler geistiger Entwicklung aber einigen körper-
lichen Zeichen des Leidens sieht, wie z. B. anomales Handlinienmuster. Der Schweregrad der Symptomatik beim Down-Syndrom steht
in direkter Beziehung zum Anteil der trisomen Zellen des Betroffenen. Wenn Eltern mehr als ein "reguläres" (d. h. ein trisomes)
mongoloides Kind bekommen haben, so muß die Möglichkeit berück-

sichtigt werden, daß sie selbst den Mosaikzustand repräsentieren. Solche Eltern können unauffällig sein, sie könnten aber normale und einige trisome Gameten bilden, und dadurch könnte das Risiko für ihre Kinder erhöht sein.

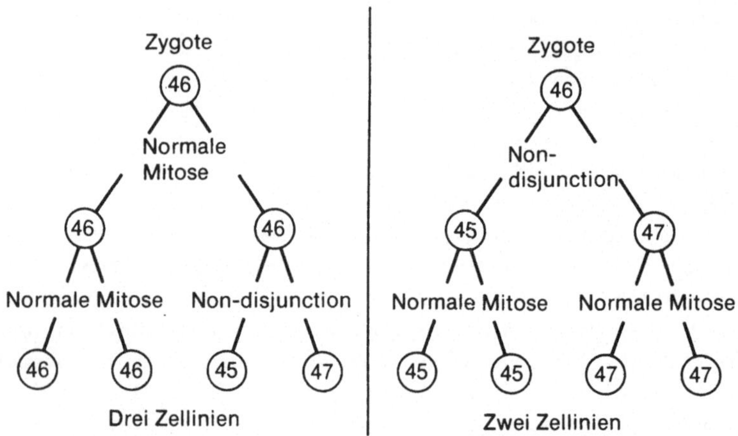

Abb. 8-6   Die Entstehung eines Chromosomen-Mosaiks durch mitotisches Non-disjunction nach Bildung einer normalen Zygote. Aus: Chromosomes in Medicine, Ed. H a m e r t o n (1962). (Mit freundlicher Genehmigung von Dr. D. G. Harnden und der Herren Heinemann.)

8.4.4   Seltene Chromosomenveränderungen anderer Autosomen

Trisomien in den Chromosomen-Gruppen 13 - 15 und Nr. 16 - 18 sind ebenfalls beschrieben worden. Auch sie verursachen geistige Behinderung. Deletion eines Teiles des Chromosoms Nr. 5 ist für das Cri-du-chat-Syndrom (46,XY,5p- oder 46,XX,5p-) verantwortlich, das an anderer Stelle (s. S. 71) beschrieben wurde. Bei einer besonderen Form der Leukämie kommt ein sehr kleines Chromosom Nr. 22 vor, dessen langer Arm durch Translokation auf den langen Arm von Nr. 9 (t(22q-; 9q+) oder auch auf ein anderes Autosom (Philadelphia-Chromosom, nach dem Entdeckungsort) übertragen worden ist. Ein genauer Zusammenhang zwischen der Chromosomenanomalie und der Erkrankung ist jedoch nocht nicht bekannt.

8.4.5 <u>Klinefelter-Syndrom (47,XXY), verursacht durch ein zusätzliches X-Chromosom beim Mann</u>

Diese Patienten sind ihrem Aussehen und Verhalten nach Männer, und es ist sehr wahrscheinlich, daß ein Teil von ihnen zeitlebens keinen Arzt konsultiert. Sie sind jedoch absolut unfruchtbar, und obwohl Erektionen und Ejakulationen vorkommen, sind niemals Spermien vorhanden; das Sekret stammt von der Prostata und den akzessorischen Drüsen. Einige Patienten sind verheiratet, die Ehe wird normal vollzogen. Die Patienten haben kleine Testes, sind oft groß und schlank und haben eine hohe Stimme. Sie können eine anomale Brustgewebsentwicklung haben, und sie gehen meistens nur deshalb zum Arzt - besonders wenn sie von anderen Männern ihrer Umgebung darauf aufmerksam gemacht werden. Die Patienten können außerdem geistig retardiert sein, obwohl viele eine normale Intelligenz besitzen.

Der Defekt beruht auf einem zusätzlichen X-Chromosom, das der Patient als Folge eines Non-disjunction bei einem der Elternteile erhalten hat. Sie haben deshalb in allen Zellen 47 Chromosomen. Abb. 8-7 (a) und (b) zeigt die Ergebnisse eines Non-disjunction in den Geschlechtschromosomen bei Frau (a) und Mann (b).

Die Nachkommen haben folgende anomale Verteilung der Geschlechtschromosomen:

    XO Anomal weiblich (Turner-Syndrom, s. u.),
    YO letal (wahrscheinlich weil das X-Chromosom das Gen für
            die Blutgerinnungsfaktoren trägt),
    XXX anomal weiblich (Tripel X). Ein seltener Zustand, die
            Patientin ist oft überraschend unauffällig,
    XXY anomal männlich (Klinefelter-Syndrom).

Normale männliche Gameten

	X	Y
O	XO	YO
XX	XXX	XXY

Anomale weibliche Gameten

XXY = Klinefelter-Syndrom (47,XXY)

XO = Turner-Syndrom (45,XO)

Abb. 8-7a

Anomale männliche Gameten

	XY	O
X	XXY	XO
X	XXY	XO

Normale weibliche Gameten

XXY = Klinefelter-Syndrom (47,XXY)

XO = Turner-Syndrom (45,XO)

Abb. 8-7b

Diese anomalen Gameten werden durch ein Non-disjunction in der ersten meiotischen Teilung verursacht. Ein Non-disjunction kann ebensogut in der zweiten meiotischen Teilung (die eine mitotische ist) stattfinden. Dabei könnten XX und YY Spermien erzeugt worden sein, aus denen vier verschiedene Typen anomaler Nachkommen hervorgehen könnten, nämlich XXY, XO, XXX (wie oben) und auch XYY-Individuen.

Patienten mit dem Klinefelter-Syndrom sind (Chromatin-positiv (s. S. 88), das heißt, sie haben zwei X-Chromosomen und daher

ein Barr-Körperchen. Unter Berücksichtigung der geschlechtsge-
koppelten Xg-Blutgruppe (s. S.136) fand man bei Familienuntersuchungen heraus, daß väterlicherseits in ca. 40 % und mütterlicherseits in ca. 60 % aller Fälle ein Non-disjunction aufgetreten sein muß.

8.4.6 Das XYY-Syndrom

Menschen mit 47,XYY Chromosomen sind durchschnittlich größer als
normale. Ältere Berichte legten die Vermutung nahe, daß dieser
Zustand bei Gewaltverbrechern häufiger vorkäme, aber inzwischen
ist zweifelhaft, ob ein signifikanter Zusammenhang zwischen
der Chromosomenanomalie und gefährlichen oder gewalttätigen Hand-
lungen besteht. Die Häufigkeit dieser Chromosomenanomalie liegt
bei 1 zu 700 männlichen Neugeborenen. Es gibt keinen Hinweis für
eine gesteigerte Mortalität im Kindesalter, und wahrscheinlich
führen die meisten Menschen mit 47,XYY Chromosomen ein normales
Leben. Deswegen ist es fraglich, ob man es den Eltern mitteilen
soll, wenn als beiläufiges Ergebnis einer Amniocentese (s. S. 130)
diese Chromosomen-Konstellation gefunden wird.

8.4.7 Turner-Syndrom (X0), verursacht durch Vorhandensein
nur eines X-Chromosoms (45,X0)

Zum charakteristischen Bild einer Patientin mit X0-Zustand gehören kleiner Wuchs, primäre Amenorrhoe (d. h., die Menstruation
hat nie begonnen) und Fehlen sekundärer Geschlechtsmerkmale. Oft
besteht ein Flügelfell im Nacken (die Haut füllt den Winkel zwischen Nacken und Schulter aus) und der Unterarm ist stärker gegen
den Oberarm gewinkelt als normal.

Die meisten Patientinnen sind in ihren Hautzellen Chromatin-
negativ (weil nur ein X-Chromosom vorhanden ist). Chromosomen-
zählungen bestätigen, daß nur 45 Chromosomen vorliegen, wobei
der X0-Zustand durch Non-disjunction entstanden ist (s. Abb. 8-7a

und b). Familienuntersuchungen am geschlechtsgebundenen Xg-Blutgruppensystem zeigten, daß im Gegensatz zum Klinefelter-Syndrom
(s. o.) Non-disjunction häufiger beim Vater als bei der Mutter
vorkommt.

8.4.8 Turner-Syndrom, verursacht durch ein Mosaik oder Bildung eines Isochromosoms (46,Xi,(Xq) oder 46,Xi,(Xp))

Wie beim Mongolismus ist die Situation nicht ganz klar. Es kommen
Turner-Mosaike, z. B. XO/XX vor, und dies erklärt den Chromatin-
positiven Befund (d. h. Vorhandensein eines Barr-Körperchens) in
einigen Fällen (ein Fünftel der Gesamtzahl). Das Turner-Syndrom
kann auch dadurch entstehen, daß ein normales X-Chromosom mit einem anomalen, einem Isochromosom, gepaart ist. Abb. 8-8 zeigt die
Entstehung eines solchen Isochromosoms. Manchmal besteht es aus
zwei kurzen und manchmal aus zwei langen Armen. Die Patientin
hat also XX und daher ein Barr-Körperchen, doch einige Gene, die
das normale weibliche Geschlecht ausmachen, fehlen und zwar jene,
die auf dem fehlenden langen oder kurzen Arm liegen. Nach Analyse der Fälle mit beiden Arten eines Isochromosoms muß angenommen
werden, daß Gene, die auf dem langen und dem kurzen Arm beider
X-Chromosomen liegen, für die Entwicklung eines funktionstüchti-
gen Ovars notwendig sind. Auf dem kurzen Arm dagegen liegen offenbar Gene, welche die Entwicklung der Körpergröße und anderer
körperlicher Merkmale beeinflussen, die bei Turner-Patientinnen
häufig anomal sind. Die kurzen Arme beider X-Chromosomen sind also für eine normale körperliche Entwicklung nötig.

8.5 Medizinische Aspekte der DNA-Synthese

Chromosomen sind bekanntlich aus DNA-Strängen gebildet, doch ist
es nicht Anliegen dieses Buches, die Details des genetischen Codes
zu wiederholen. Bestimmte Aspekte der DNA-Synthese sind aber für
die Medizin von Bedeutung, und zwei von ihnen sollen beschrieben
werden.

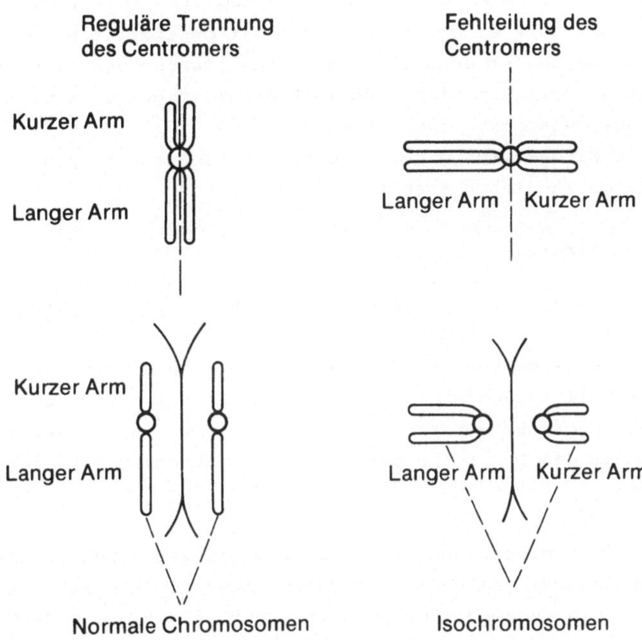

Abb. 8-8   Entstehung eines Isochromosoms durch fehlerhafte
Teilung im Centromer während der mitotischen
Teilung. (Mit freundlicher Genehmigung von
Dr. D. G. Harnden und der Herren Heinemann, aus:
Chromosomes in Medicine, Ed. J. L. H a m e r -
t o n , 1962).

a) Reverse Transkriptase

Genetische Information wird gewöhnlich von der DNA auf die RNA
übertragen (transferiert) und von dort in die Proteinsynthese
übersetzt. Es gibt jedoch inzwischen Befunde, die hauptsächlich
von Untersuchungen an Viren stammen, die darauf hinweisen, daß
gelegentlich die Reihenfolge in umgekehrter Richtung, d. h. von
der RNA zur DNA erfolgt. Z. B. verfügt das für das Mammacarcinom

bei der Maus verantwortliche Virus über ein Enzym, die reverse Transkriptase, das diese Fähigkeit besitzt. Ein ähnliches Virus wurde in der menschlichen Milch gefunden und reverse Transkriptase befindet sich auch in RNA-Molekülen von Brustkrebszel-
len des Menschen. Dieser Befund spricht für die Möglichkeit, daß
es ein Milch-Virus gibt, welches reverse Transkriptase enthält,
die sich in diesen Krebszellen repliziert.

b) Genchirurgie

Seit einiger Zeit ist bekannt, daß DNA <u>in vitro</u> synthetisiert werden kann. Dies führte zu dem Gedanken der Genchirurgie, d. h. zu
der Annahme es könnte möglich sein, ein bestimmtes, synthetisch
hergestelltes Gen an eine harmlose (nicht synthetische) Virus-DNA
anzuknüpfen und auf diese Weise das Virus als Vehikel zu gebrau-
chen, um das Gen auf einen Patienten mit einem Erbdefekt zu übertragen.

Auch die Synthese spezifischer Proteine ist durch Strukturgene
determiniert, jedoch stehen diese unter dem Einfluß von Genen,
welche die Menge des Genprodukts kontrollieren und deshalb als
Kontrollgene bekannt sind. Eine Mutation in einem der Kontrollgene könnte bedeuten, daß die Synthese eines spezifischen Enzyms
ausgeschaltet wäre. Dies könnte jedoch heilsam sein, da einige
Arzneimittel (z. B. Phenobarbital) eine Enzymsynthese induzieren
(s. S. 111).

9. Pharmakogenetik

Als Pharmakogenetik wurde ursprünglich die Untersuchung solcher genetisch bedingter Variationen bei Tieren bezeichnet, die allein durch Einwirkung von Medikamenten in Erscheinung treten. Heute schließt sie - ungenauer - auch solche Erbkrankheiten ein, bei denen die Symptome spontan auftreten können, aber durch Medikamente oft ausgelöst oder verstärkt werden. Drei Beispiele, die unter die strenge Definition fallen, sollen hier behandelt werden. Außerdem wird die Wechselwirkung zwischen Medikamenten und Enzyminduktion kurz besprochen.

9.1 Akatalasie. Krankheitsbild

Dies ist eine höchst interessante Krankheit, die zuerst bei japanischen Familien beschrieben wurde. Die Kranken leiden an schweren Ulcerationen der Mundschleimhaut. Um das Leiden zu verstehen, ist es nötig, sich an die folgenden Tatsachen zu erinnern:

a) Wenn Wasserstoffperoxyd auf eine offene Wunde eines gesunden Menschen getropft wird, schäumt es, und das Blut ändert seine Farbe nicht, weil das Wasserstoffperoxyd durch ein Erythrozyten- und Gewebeenzym, die Katalase, abgebaut wird. Katalase verhindert die Oxydation des Hämoglobin durch Wasserstoffperoxyd.

b) bei Patienten mit Akatalasie schäumt es nicht, und die Gewebe werden braun, da das Hämoglobin oxydiert wird.

c) Bestimmte Bakterien (insbesondere einige, die als hämolysierende Streptokokken bekannt sind) produzieren selbst Wasserstoffperoxyd. Tritt nun bei einem Patienten, der keine Katalase produziert, Blut aus irgendeiner winzigen Abschürfung der Mundschleimhaut aus, so wird das Hämoglobin oxydiert, und das Gewebe stirbt ab, weil in dem infizierten Gebiet Sauerstoffmangel auftritt. Die Bakterien vermehren sich sodann, die Wasserstoffperoxydproduktion steigt und so entsteht ein circulus vitiosus.

Nur etwa die Hälfte derer, die das Enzym nicht besitzen, zeigen Symptome. Bei diesen tritt der Mangel in der Regel vor dem 10. Lebensjahr in Erscheinung, die Kieferknochen werden infiziert, es kommt zur Lockerung und zum Verlust von Zähnen. Sind erst einmal alle Zähne verlorengegangen, heilen die Ulcerationen, und viele Patienten bleiben fortan symptomfrei. Ein ähnlicher Defekt wurde bei bestimmten Hunderassen, Meerschweinchen und Mäusen gefunden.

9.1.1   Vererbung der Akatalasie

Aller Anschein spricht für einen autosomal rezessiven Erbgang des Merkmals. Blutsverwandtschaft ist häufig, und kein einziger Elternteil eines Betroffenen hatte die Anomalie. Katalase-Bestimmungen bei Patienten und ihren Geschwistern zeigen gewöhnlich eine dreimodale Verteilung, wobei die intermediären Werte, die der mutmaßlichen Anlageträger darstellen. Dies trifft jedoch nicht immer zu, da es verschiedene Formen der Anomalie gibt.

Unlängst haben Schweizer Wissenschaftler bei Blutproben von 18.459 Rekruten zwei Fälle von Akatalasie gefunden. Bemerkenswert ist, daß beide keine krankhaften Abnormitäten aufwiesen.

9.2   Primaquin-Empfindlichkeit (Glukose-6-Phosphat-Dehydrogenase-Mangel)

Hämolytische Anämie, darunter versteht man Blutarmut, die durch den Zerfall roter Blutkörperchen und nicht durch Blutung entsteht, wurde als gelegentliche Nebenwirkung bei Verabreichung eines Antimalaria-Medikaments, des Plasmoquin, beobachtet, als dies 1925 in die Medizin eingeführt wurde. Zunächst wurde angenommen, die Anämie beruhe auf Überempfindlichkeit oder einer Immunreaktion. Jedoch wurde kein Antikörper entdeckt, und es konnte keine Erklärung für das Auftreten der hämolytischen Anämie bei diesen "empfindlichen" Menschen gefunden werden. Als die Malaria während des zweiten Weltkrieges in weiten Gebieten mit dem sehr ähnlichen

Medikament Primaquin behandelt wurde, traten mehr Fälle mit einer ähnlichen hämolytischen Anämie auf und wurden untersucht.

9.2.1 Krankheitsbild der Primaquin-Empfindlichkeit

Wenn ein "empfindlicher" Mensch täglich 30 mg Primaquin bekommt, entwickelt er in den ersten zwei bis drei Tagen keine hämolytische Anämie. Danach wird sein Urin langsam dunkler, Muskelschmerzen stellen sich ein und Anämie, möglicherweise auch Gelbsucht, tritt auf. Wird das Medikament abgesetzt, so kommt es innerhalb weniger Wochen zur Normalisierung. Sind die Symptome jedoch nicht schwer, so geht es dem Patienten überraschenderweise auch bei fortgesetzter Primaquin-Einnahme langsam besser. Wir werden im folgenden sehen, daß dies eine sehr wichtige Beobachtung ist.

9.2.2 Experimente mit radioaktiver Markierung

Einblick in den Mechanismus der Anämie gewann man durch Transfusion ^{51}Cr-markierter roter Blutkörperchen "empfindlicher" Menschen auf "nicht-empfindliche" Empfänger. Die Überlebensdauer dieser Erythrozyten war normal, bis Primaquin gegeben wurde, dann lysierten sie. Wenn ^{51}Cr-markierte Zellen eines "Nicht-Empfindlichen" einem "Empfindlichen" transfundiert wurden, war die Überlebensdauer dieser Erythrozyten normal, sogar nach Primaquin-Gabe und auch wenn die eigenen roten Blutkörperchen des Patienten unter dem Einfluß des Medikaments zerfielen.

Die Tatsache, daß sich "empfindliche" Patienten trotz fortgesetzter Medikamenteinnahme erholen, wurde auf ähnliche Weise untersucht. Selektive Markierung roter Blutkörperchen einer begrenzten Altersgruppe mit ^{59}Fe führte so zu folgendem Ergebnis: Rote Blutkörperchen "empfindlicher" Menschen können durch Primaquin-Wirkung lysieren, wenn sie 63 - 66 Tage alt sind, nicht jedoch, wenn sie 3 - 21 Tage alt sind. Also sind es anscheinend die alternden roten Blutkörperchen, die durch Primaquin zerstört werden. Spon-

tane Besserung des Patienten trotz fortgesetzter Medikamenteinnahme beruht auf der Neubildung einer Population roter Blutkörperchen mit niedrigerem mittleren Alter.

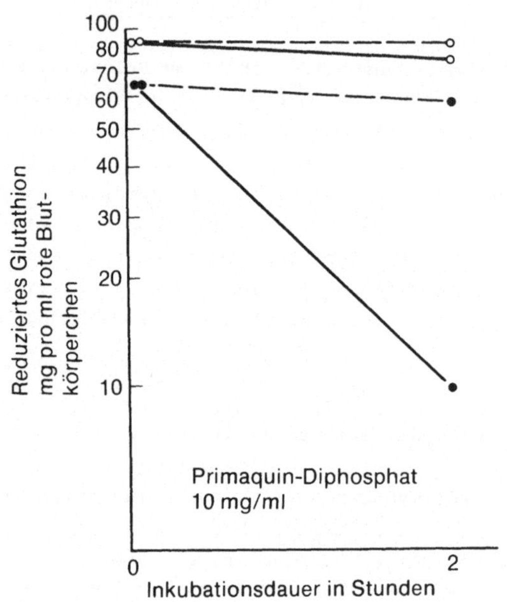

Abb. 9-1   Einfluß der Inkubation "empfindlicher" und
"nicht-empfindlicher" Erythrocyten bei Anwesen-
heit von Glukose auf das reduzierte Glutathion.
(B e u t l e r et al., 1960. Mit freundlicher
Genehmigung der McGraw-Hill Book Co. Aus: The
metabolic Basis of inherited Disease. Ed.
S t a n b u r y , W y n g a a r d e n   und
F r e d r i c k s o n .)

9.2.3 Biochemische Untersuchungen

Es ist bekannt, daß die normalen roten Blutkörperchen Enzymsysteme für den Glukose-Stoffwechsel haben. Ein solches Enzym ist die Glukose-6-Phosphat-Dehydrogenase, die bei Primaquin-empfindlichen Menschen vermindert ist. Zu dieser Entdeckung führten zuerst Beobachtungen an reduziertem Glutathion. So fällt der Gehalt an reduziertem Glutathion sowohl in "empfindlichen" wie auch in "nicht-empfindlichen" roten Blutkörperchen ab, wenn diese mit Primaquin in vitro inkubiert werden (Abb. 9-1). Aber nur bei Normalen kann dieser Vorgang durch Zugabe von Glukose zum Inkubationsmedium verhindert werden. Die Ursache für den fortgesetzten Abfall bei den "empfindlichen" roten Blutkörperchen beruht auf einem Fehler im Glukose-Stoffwechsel, letztlich als Ergebnis ei-

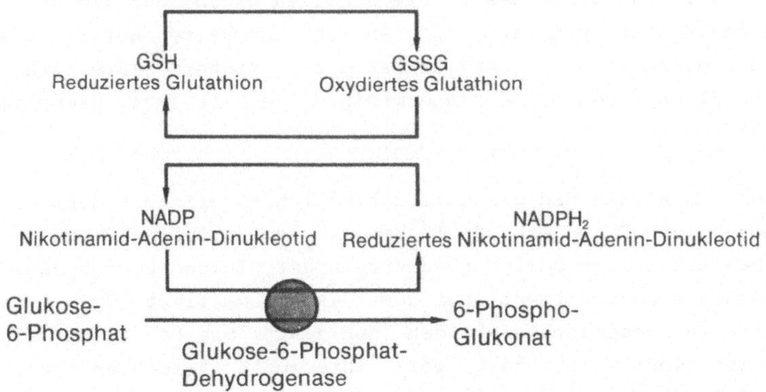

Abb. 9-2   Durch die Glukose-6-Phosphat-Dehydrogenase wird dem Glukose-6-Phosphat ein Wasserstoffatom weggenommen, welches von NADP aufgenommen wird, so daß sich NADPH$_2$ bildet. Dieses wiederum reduziert GSSG zu GSH. Wenn G6PD-Mangel besteht, ist der Zyklus unterbrochen, und es wird viel weniger GSH gebildet.

nes Defekts in der Glukose-6-Phosphat Oxydation (Dehydrierung) infolge eines Mangels der entsprechenden Dehydrogenase (G6PD). Abb. 9-2 erklärt den Stoffwechseldefekt im Hinblick auf Glutathion (s. auch S. 49).

9.2.4 Genetische Untersuchungen

Bei Männern ist leicht zwischen "empfindlichen" und "nicht-empfindlichen" zu unterscheiden, und zwar sowohl durch Bestimmung von Glutathion als auch von Glukose-6-Phosphat-Dehydrogenase. Bei Frauen gibt es solch eine klare Einteilung nicht; mit beiden Bestimmungsmethoden werden Zwischenwerte gefunden. Dies beruht auf der zufälligen Inaktivierung eines X-Chromosoms in jeder Zelle (s. S. 86). Frauen haben nämlich zwei Populationen von roten Blutkörperchen.

Die Auswertung von 30 Geschwisterschaften ergab, daß die Übertragung des Defekts vom Vater auf den Sohn nur selten auftritt, sie kam nur einmal vor. Gewöhnlich hatte eine "intermediäre" Frau "empfindliche" Söhne und "intermediäre" Töchter (vgl. Hämophilie S. 23).

Stammbaumanalysen und die unterschiedliche Häufigkeit des Defekts in den beiden Geschlechtern führten zu dem Schluß, daß das Gen, welches das Fehlen oder Vorhandensein der Glukose-6-Phosphat-Dehydrogenase kontrolliert, auf dem X-Chromosom liegt, d. h., das Merkmal ist geschlechtsgebunden "dominant". Die Penetranz des Gens ist nicht vollständig, weil "intermediäre" Töchter und "empfindliche" Söhne in einigen Fällen offensichtlich normale Eltern haben. Durch Farbseh-Tests konnte bestätigt werden, daß Glukose-6-Phosphat-Dehydrogenase-Mangel geschlechtsgebunden ist. Untersuchungen am Xg^a-Antikörper (s. S. 136) zeigten, daß das Gen nahe dem Xg-Locus liegt, der sich selbst wahrscheinlich auf dem kurzen Arm des X-Chromosoms befindet.

9.3 Der Isoniazid (Isonikotinsäurehydrazid)-Stoffwechsel

9.3.1 Familienuntersuchungen

Isoniazid ist ein um 1952 entdecktes Medikament, das in ausge-
dehntem Maße zur Behandlung der Lungentuberkulose eingesetzt wird.
Es war seit längerem bekannt, daß es "gute" (schnelle) und
"schlechte" (langsame) Ausscheider (Inaktivatoren) gab, die klei-
nere oder größere Mengen des Mittels über den Urin ausschieden.
Dies führte zu der Vermutung, daß es zwei verschiedene genetische
Typen in der Bevölkerung gäbe, die "Schnellen" und die "Langsamen", und daß ein autosomales Genpaar dafür verantwortlich wäre,
wobei schnelle Inaktivierung über langsame dominant wäre. Jedoch

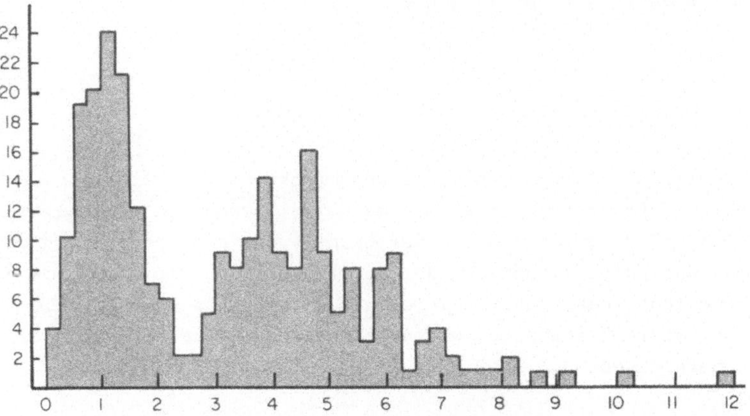

Abb. 9-3 Verteilung der Isoniazid-Konzentration im Plasma. Die "schnellen" Inaktivatoren liegen links
von 2,5 µg/ml, die "langsamen" rechts davon.
(Aus E v a n s et al., 1960. Mit freundlicher Genehmigung der Autoren und des Herausgebers von BRIT. MED. J.)

trat in den frühen Arbeiten ein beträchtliches Überlappen der beiden Typen auf, so daß die Einordnung einiger Personen zweifelhaft war. E v a n s und Mitarbeiter (1960) führten deshalb eine wesentlich umfangreichere Untersuchung mit einer genaueren Bestimmungsmethode durch. Sie gaben 484 Versuchspersonen einmalig eine Dosis von 10 mg Isoniazid pro kg Körpergewicht oral und bestimmten 6 Stunden später die Plasmakonzentration. Sie fanden eine zweigipflige Verteilung mit einem Tal bei 2,5 µg/ml. Von den 484 Personen stammten 267 aus 53 vollständig untersuchten, zwei Generationen umfassenden weißen Familien. Abb. 9-3 zeigt für diese 267 Familienmitglieder die Verteilung der Isoniazidkonzentration im Plasma. Man erkennt, daß etwa je die Hälfte "langsame" (L) bzw. "schnelle" (S) Inaktivatoren waren. Die Analyse der Paarungstypen bestätigte: Das Merkmal "langsamer" Inaktivator war tatsächlich rezessiv (Tabelle 5).

9.3.2 Dosierungseffekt

Zusätzlich ließ sich ein Dosierungseffekt zeigen. Die mittlere Isoniazid-Konzentration im Plasma aller "schnellen" Inaktivatoren lag niedriger als die einer Gruppe, die als heterozygot bekannt war. Dies entspricht der Erwartung, wenn die homozygot "schnellen" Inaktivatoren (die in der Gruppe "aller schnellen Inaktivatoren" enthalten wären) niedrigere Meßwerte hätten als die heterozygoten.

9.3.3 Anthropologische Gesichtspunkte

Vom anthropologischen Standpunkt ist interessant, daß die Anteile der beiden Phänotypen in einer indischen Population ganz ähnlich sind wie bei Weißen und bei amerikanischen Negern. Andererseits gibt es einen sehr viel größeren Anteil (> 90 %) "schneller" Inaktivatoren bei Japanern, und Eskimo-Populationen bestehen fast nur aus diesem Phänotyp. Der Vorteil des dominanten Merkmals ist

Tabelle 5:

Vergleich der tatsächlich gefundenen Anzahl Kinder beider Phänotypen mit den erwarteten Zahlen unter der Annahme, daß langsame Inaktivierung des Isoniazids ein autosomal rezessives Merkmal ist. Beachte: S schließt Heterozygote und Homozygote ein.

Vergleich der erwarteten Anzahl Kinder der beiden Phänotypen mit den tatsächlich gefundenen

			Anzahl Kinder beider Phänotypen					
Paarungen Phänotyp	Anzahl Paarungen	Anzahl Kinder	S (schnell) erwartet	beobachtet	L (langsam) erwartet	beobachtet	Chi^2	Verteilungs-faktor
L x L	17	54	–	4	54	50	–	–
S x L	23	67	38,88	40	28,10	27	0,075	1
S x S	13	38	31,30	31	6,68	7	0,018	1
	53	159		75		84	0,093	2

$$P > 0,95$$

Nach E v a n s et al. (1960). Mit freundlicher Genehmigung der Autoren und des Herausgebers von BRIT. MED. J.

unbekannt, anscheinend ist es aber unter fernöstlichen und arkti-
schen Bedingungen besonders nützlich.

9.3.4 Ort der Acetylierung des Isoniazids

E v a n s   hat anhand von Versuchen in vitro schlüssig nachgewiesen, daß der Unterschied der beiden Typen auf verschiedener
Acetylierungsgeschwindigkeit mittels eines Enzyms, der Acetyl-
Transferase, beruht und daß dieser Vorgang in der Leber stattfindet. Er benutzte frisches Biopsiematerial menschlicher Leber
von freiwilligen Spendern und inkubierte es nach Präparation bei
37° Celcius mit Isoniazid. Zwei Stunden später wurde die freie
Medikamentenmenge ermittelt und hieraus die acetylierte Menge
berechnet. Die Werte für "langsame" und "schnelle" Inaktivierung stimmten mit den (später bestimmten) Merkmalen der Spender
überein.

9.3.5 Medizinische Bedeutung

Das übliche Behandlungsschema mit Isoniazid hat für die Patienten beider Phänotypen Nebenwirkungen. So bekommen die "langsamen"
Acetylatoren eher eine Polyneuritis, während die "schnellen"
Acetylatoren eher einen Leberschaden erleiden (möglicherweise eine Wirkung des Metaboliten Acetyl-Isoniazid).

Andere Medikamente werden durch dieselbe Acetyl-Transferase ace-
tyliert (d. h. sie werden von denselben Genen kontrolliert). Beispiele hierfür sind:

Medikament	Behandlung von
Sulfadimidin	verschiedenen Infektionen
Salicylazosulfapyridin	Colitis ulcerosa (eine Dickdarmerkrankung)
Hydralazin	Bluthochdruck
Dapsone (DADPS)	Lepra
Phenelzin	Depression
Procainamid	Herzarhythmien
Nitrazepam	Angstzustände

Patienten der beiden Acetylator-Phänotypen reagieren auch auf
einige dieser Medikamente unterschiedlich.

9.4 Enzyminduktion und Medikamenten-Wechselwirkung

Phenobarbital und einige andere Medikamente können die Synthese
von Enzymen stimulieren (induzieren), insbesondere von solchen,
die in der Leber gebildet werden.

Das Medikament "Warfarin" (ein Cumarinderivat) wird nach Auftreten einer Thrombose gegeben, um die Entstehung weiterer Blutge-
rinnsel zu verhindern. Diese Wirkung von Warfarin beruht darauf,
daß es die Bildung des zur Blutgerinnung notwendigen Prothrombins
in der Leber hemmt. Bei zu starker Hemmung ist die Wirkung töd-
lich; aus diesem Grund wird Warfarin als Rattengift verwendet.
Resistenz gegen Warfarin tritt gelegentlich sowohl bei Menschen
als auch bei Ratten als autosomal dominant vererbtes Merkmal auf.
Jedoch kann Warfarin-Resistenz auch bei Menschen vorkommen, die
Phenobarbital einnehmen, da dies den Abbau des Medikaments stei-
gert, so daß weniger Warfarin zur Verfügung steht, um die Pro-
thrombinsynthese zu hemmen (vgl. "Phänokopie" im Glossar).

Phenobarbital wird gelegentlich auch bei der hämolytischen Erkrankung Neugeborener eingesetzt. Manchmal wird es der sensibilisierten Mutter schon einige Tage vor der Entbindung oder dem

Neugeborenen oder beiden gegeben. Die Konzentration des Biliru-
bins* im Serum des Neugeborenen wird dann wahrscheinlich infolge
der Enzyminduktion in der Leber gesenkt. Ob das Medikament in
diesen Fällen wirklich nützt, muß jedoch noch bewiesen werden.

---

* Ein Gallenfarbstoff, der hauptsächlich beim Hämoglobinabbau
  der Erythrozyten gebildet wird.

10. Genetik und Präventivmedizin

Verhütung der hämolytischen Erkrankung des Neugeborenen
bei Rhesus-Inkompatibilität
(Morbus haemolyticus neonatorum)

Teil I Frühe Arbeiten und Entwicklungen

10.1 Krankheitsbild

Neugeborene, deren Blut mit dem ihrer Mütter im Rhesus-Blutgrup-
pensystem unverträglich ist (Mutter Rh-negativ, Kind Rh-positiv),
können an einer sehr schweren Anämie leiden. Diese entsteht, weil
die roten Blutkörperchen des Kindes durch die Wirkung mütterlicher
Antikörper zerfallen und ihr Hämoglobin freisetzen. Die Mutter
kann diese Antikörper gebildet haben, wenn sie früher eine unver-
trägliche Bluttransfusion bekommen hat oder wenn ein vorhergehen-
des Kind Rhesus-unverträglich war und einige Blutzellen des Kindes
in ihren Blutkreislauf gelangt sind, - dies geschieht normalerweise während der Entbindung. Die mütterlichen Antikörper bilden
sich nur sehr langsam, darum ist es in der Regel ein vorhergehen-
des Kind, welches die Antikörperbildung verursacht hat. Betroffene Kinder können in utero oder gleich nach der Geburt sterben.
Häufiger aber überleben sie und haben Gelbsucht und Leberschaden;
gelegentlich sind sie taub oder geistig behindert. Oft können sie
durch eine Blutaustausch-Transfusion gerettet werden. Leicht betroffene Kinder erholen sich von selbst. Es besteht aber eine
sehr ernste Sorge für Ehepaare, wenn die Frau Rh-negativ und der
Mann Rh-positiv ist. Ungefähr 85 % der Bevölkerung in Großbritannien ist Rh-positiv, darum ist die Wahrscheinlichkeit für eine Rh-negative Frau sehr hoch, einen Rh-positiven Mann zu haben.

10.2 Erkrankungsrisiko für Neugeborene

Das Risiko zu erkranken ist für das Neugeborene glücklicherweise
nicht sehr hoch: unter den 850.000 jährlichen Geburten in Großbritannien sind wahrscheinlich nicht mehr als ungefähr 5.000
"Rhesus"-Kinder. Verschiedene Faktoren begrenzen das Risiko.
Erstens kommt es nicht häufig vor, daß kindliches Blut in ausreichend großer Menge durch die Plazenta in den mütterlichen
Kreislauf übertritt, um die Antikörperbildung in Gang zu setzen;
zweitens produzieren manche Frauen keine Antikörper, auch wenn
kindliches Blut in ihren Kreislauf gelangt; drittens besteht bei
einem Rh-positivem Vater, wenn er heterozygot ist (also von einem seiner Eltern ein Rh-negatives Gen bekommen hat), nur eine
Wahrscheinlichkeit von 50 %, daß sein Kind Rh-positiv ist; vier-
tens wird in etwa 20 % aller möglichen Fälle die Bildung der Antikörper durch einen Schutzmechanismus verhindert. Dieser entsteht durch Wechselwirkung mit den Blutgruppengenen des ABO-Sy-
stems.

10.2.1 Schutz durch ABO-Unverträglichkeit zwischen Mutter und Fetus

Dieser wirkt besonders, wenn die Rh-negative Mutter die Blutgruppe 0 hat. Blut der Gruppe 0 enthält natürlich vorkommende Antikörper gegen Blut der Gruppen A (Anti-A-Isoagglutinine) und B. Wenn
darum das Neugeborene nicht die Gruppe 0, sondern A oder B hat
(es wird niemals die Blutgruppe AB haben, weil A und B Allele
sind und es keines von beiden von seiner 0-Mutter bekommen kann),
so wird das natürlich vorkommende Anti-A oder Anti-B der Mutter
jede kindliche Zelle, die in den mütterlichen Kreislauf gelangt,
unwirksam machen (s. Abb. 10-1). Selbstverständlich tragen die
Zellen neben den A- und B-Antigenen auch die Rh-Antigene, und das
Rh-Antigen wird unschädlich gemacht, bevor die Mutter Zeit hat,
Anti-Rh-Antikörper zu bilden (es sei daran erinnert, daß diese nur
recht langsam entstehen). Einige Antikörper sind von vornherein
vorhanden, während andere ihren Ursprung im Immunsystem haben,
d. h., sie werden als Reaktion auf ein Antigen gebildet und kommen

Mutter	Fetus
O−	A+

A−	A+

Abb. 10-1 In der oberen Hälfte der Abbildung gelangt ein
rotes Blutkörperchen eines A-Rh-positiven Fetus
durch die Plazenta in den Blutkreislauf einer
O-Rh-negativen Mutter. Dort wird es durch das
natürlich vorkommende Anti-A (α) sofort zerstört.

In der unteren Hälfte der Abbildung gelangt dagegen ein rotes Blutkörperchen eines A-Rh-positiven Fetus in den Kreislauf einer A-Rh-negati-
ven Mutter, wo es normal lange, nämlich viele
Wochen, überleben wird. (Mit freundlicher Genehmigung der Herren Blackwell.)

normalerweise nicht vor. (Niemand bildet Rhesus-Antikörper <u>ohne</u>
<u>Anlaß</u>.)

10.3 Nachahmung des natürlichen Schutzes infolge AB0-Unverträg- lichkeit durch Gabe von Anti-Rh-Antikörpern

Wir haben darüber nachgedacht, wie wir diesen natürlichen Schutz infolge AB0-Unverträglichkeit bei Frauen nachahmen konnten, die nicht geschützt waren. Wenn einer Mutter direkt nach der Geburt des Kindes Anti-Rh-Antikörper (Anti-D ist der wichtigste Typ) ge- geben würden, könnten möglicherweise alle Rh-positiven Zellen im mütterlichen Kreislauf vernichtet werden, bevor sie Zeit hätten, irgendeinen Schaden anzurichten.

10.4 Versuche an freiwilligen Männern

Diese Hypothese wurde an Rh-negativen Männern geprüft. Im ersten Versuch wurden einer Gruppe freiwilliger Rh-negativer Männer Rh- positive rote Blutkörperchen von Erwachsenen gespritzt, die mit radioaktivem Chrom markiert waren. Die eine Hälfte der Gruppe diente als Kontrolle, der anderen Hälfte wurden etwa eine halbe Stunde nach der ersten Injektion Anti-Rh-Antikörper gegeben.

Die Ergebnisse waren aufregend: Bei den Männern, denen Anti-Rh- Antikörper gespritzt worden war, wurde tatsächlich ein großer Teil der Rh-positiven Zellen vernichtet. Zu unserer Bestürzung hatten jedoch sechs Monate später mehr Männer Antikörper gebil- det, als man hätte erwarten müssen; die Antikörperbildung war al- so angeregt statt verhütet worden. Trotzdem hielten wir den An- satz für grundsätzlich richtig. Ein neuer Versuch mit einem ande- ren Typ Antikörper wurde unternommen, und es stellte sich heraus, daß beim ersten Mal der falsche Typ gegeben worden war. Es waren die "kompletten" Antikörper (Agglutinine) verabreicht worden, die in physiologischer Kochsalzlösung wirken. Dies hatte den Zellre- sten noch antigene Eigenschaften gelassen, obwohl die Zellen selbst verschwunden waren. Deshalb wurde eine zweite Versuchsrei- he mit "inkomplettem" Anti-Rh durchgeführt, welches das Antigen "verdeckt", so daß es nicht mit den Antikörper-bildenden Zellen in Berührung kommen konnte. Diese Versuche waren wesentlich er- folgreicher und verhinderten die Antikörperbildung bei fast allen behandelten Versuchspersonen.

10.5 Versuche mit fetalem Blut an freiwilligen Frauen

Diese Methode war auch erfolgreich, wenn fetale rote Blutkörperchen statt der von Erwachsenen stammenden verwendet wurden und
wenn die Versuchspersonen Rh-negative Frauen waren, die das Ge-
bäralter überschritten hatten.

10.6 Beziehung zwischen der Rh-Antikörperbildung und dem Über-
tritt fetalen Blutes in den mütterlichen Organismus
(feto-materne Blutung)

Durch Untersuchung Rh-negativer Frauen konnten wir nachweisen, daß
die Wahrscheinlichkeit, Antikörper gegen ihre Rh-positiven Kinder
zu bilden generell direkt von der Zahl der fetalen Zellen abhängt,
die durch die Plazenta in den mütterlichen Kreislauf gelangen.
Diese konnten mittels einer Spezialfärbung erkannt werden (s. Abb.
10-2).

10.7 Untersuchungen in Liverpool

Schließlich wurde die Behandlung bei Erstgebärenden (Primipara)
angewandt, die ein Rh-positives, AB0-verträgliches Kind geboren
hatten und eine beträchtliche transplazentare Blutung gehabt hatten. Diese Frauen haben ja das höchste Risiko. Man muß sich klar
vor Augen halten, wie wichtig es war, diese Gruppe mit "hohem
Risiko" zu wählen. Ohne viel Statistik ist einzusehen, daß bei
Behandlung dieser Frauen (gleiche Frauen dienten als Kontrollgruppe) viel eher Erfolg oder Nichterfolg zu erkennen war als
bei Behandlung von Frauen mit geringerem Risiko. Der Versuch wurde sorgfältig vorbereitet, um schnell ein Ergebnis zu bekommen,
bevor viele Frauen einer Behandlung unterworfen worden waren, die
vielleicht nutzlos war, möglicherweise aber auch unvorhergesehe-

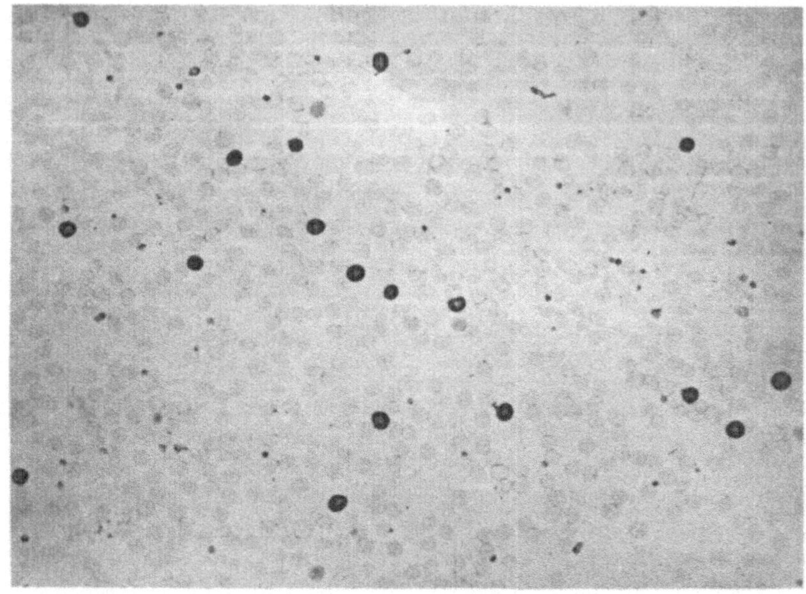

Abb. 10-2   Fetale Zellen im mütterlichen Kreislauf. Das
            Hämoglobin wurde aus den roten Blutkörperchen
            der Mutter ausgewaschen. Darum erscheinen die-
            se als "Geister". Das fetale Hämoglobin ist
            durch die Pufferlösung nicht herausgelöst; die
            Zellen sind deshalb dunkel gefärbt. Dieser
            Nachweis fetaler Zellen ist als Kleihauer-
            Betke-Methode bekannt. (Mit freundlicher Ge-
            nehmigung der Herren Blackwell.)

ne Nachteile oder Gefahren in sich barg.

Aus fünf Liverpooler Entbindungskliniken wurden alle Rh-negativen
Frauen erfaßt, die von einem Rh-positiven, ABO-verträglichen Kind
entbunden worden waren und die eine größere Blutung gehabt hatten, d. h. 5 oder mehr fetale Blutzellen in 50 Gesichtsfeldern
bei schwacher mikroskopischer Vergrößerung. Jede _zweite_ Frau wurde behandelt, die anderen dienten als Kontrollpersonen. Als Be-

handlung wurden der Mutter innerhalb von 36 Stunden nach der
Entbindung 5 ml (ca. 1000 µg) Anti-Rh in Form von Gammaglobulin
gespritzt. Anschließend untersuchten wir, ob die fetalen Zellen
innerhalb der nächsten Tage tatsächlich weniger geworden waren.
Nach sechs Monaten wurde nochmals kontrolliert, ob die Mutter Anti-Rh-Antikörper gebildet hatte. Zu dieser Zeit hätte eine et-
waige Antikörperbildung der Mutter eingesetzt haben können, während die gespritzten Antikörper mit ziemlicher Sicherheit verschwunden wären. Die Ergebnisse waren erstaunlich gut: Praktisch
keine der behandelten Mütter hatte Antikörper gebildet, von der
Kontrollgruppe dagegen viele. Das Ergebnis war viel besser als
erhofft. Bei allen biologischen Vorgängen gibt es Abweichungen,
und es wäre völlig zufriedenstellend gewesen, wenn 75 % der Fälle vor der Antikörperbildung geschützt worden wären. Tatsächlich
können wir weit mehr - nämlich 95 % - schützen und jetzt auch mit
geringerer Dosis (ca. 200 µg). Die Behandlung wird in vielen Tei-
len der Welt durchgeführt, und Kontrollgruppen werden normalerweise nicht mehr benötigt. Gegenwärtig befaßt sich die experimentelle Arbeit vornehmlich mit der Dosierung, denn man muß wissen,
wieviel Gammaglobulin bei größeren Blutungen gegeben werden muß
(unter diesen Fällen sind die meisten Versager) und auch welches
die geringste Dosis ist, mit der die Mehrzahl der Frauen geschützt
werden kann.

10.8 Befunde bei nachfolgenden Schwangerschaften

Ein Urteil über Erfolg oder Versagen der Behandlung kann eigentlich erst anhand der Befunde nachfolgender Rh-positiver Schwangerschaften erfolgen. Zweifler sagten uns, daß das Anti-Rh-Gam-
maglobulin nur die Antikörperbildung im Immunsystem "unterdrücke"
und daß offene Antikörper gefunden würden, sobald die Frauen
weitere Kinder bekämen. Dies scheint nicht so zu sein, da Hunder-
te von Frauen aus den verschiedensten Zentren weitere Kinder be-
kamen - einige mehrere - und nur sehr wenige Versager vorkamen.
Genetische Erkrankungen sind also vom Standpunkt der Verhütung
aus nicht notwendigerweise hoffnungslos.

Teil II   Neue Informationen

10.9 Befunde

1) Geburtenrate

Die Geburtenrate ist in Großbritannien auf etwa 600.000 pro Jahr
zurückgegangen, und die Zahl der Kinder pro Familie hat abgenom-
men. Die Fälle von hämolytischer Erkrankung Neugeborener sind
deshalb unabhängig von der Prophylaxe entsprechend weniger geworden.

2) Dosierung

Die Prophylaxe gefährdeter Frauen wurde 1968 als Routinebehand-
lung der hämolytischen Erkrankung Neugeborener eingeführt. 1971
wurde die Standard-Dosis von Anti-D-Gammaglobulin auf 100 µg reduziert.

3) Behandlungserfolge

Die Behandlungsergebnisse in der Stadt Leeds sind über einen Zeitraum von 5 Jahren in Abb. 10-3 dargestellt. Die Zahl der behandelten Fälle wird pro 100.000 Lebendgeburten angegeben. Ähnliche
Befunde werden aus den USA berichtet.

4) Behandlungsversager

Zwischen 1 und 2 % der Frauen werden trotz Anti-D-Gabe immunisiert
(sensibilisiert). Ohne Prophylaxe beträgt die Zahl jedoch bei der
Entbindung des nächsten Rh-positiven Kindes mindestens 17 %. Die
kleine Versagerquote ist wahrscheinlich auf diejenigen Frauen zurückzuführen, die vorher ansensibilisiert (s. Glossar) wurden. Es
wurde vermutet, daß ein Rh-negativer Fetus in der Gebärmutter einer Rh-positiven Mutter durch den Übergang von mütterlichen roten
Blutkörperchen auf den Fetus sensibilisiert (immunisiert) sein
kann, ohne daß Antikörper nachgewiesen werden können. Einige Zahlen stützen diese Annahme. Wenn dies aber wirklich oft vorkäme,

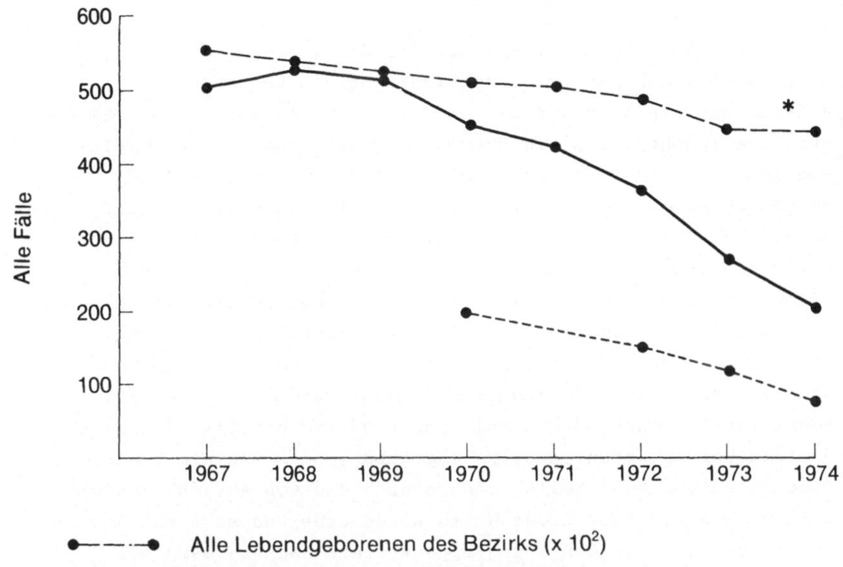

●——·——● Alle Lebendgeborenen des Bezirks (x 10^2)

●————● Alle Fälle mit Anti-D und Anti-C+D Antikörpern

●------● „Erst-betroffene" Fälle mit Anti-D und Anti-C+D Antikörpern

* Geschätzte Zahl wegen Änderung der Bezirksgrenzen

Abb. 10-3 Zahl der entbundenen Frauen mit Anti-D und Anti-C + D-Antikörpern im Verhältnis zur Gesamtzahl der Lebendgeborenen eines Bezirks. Die An-
ti-D-Behandlung begann 1969.   (T o v e y ,
L. A. D., 1976)

wäre bei der Häufigkeit des entsprechenden Zusammentreffens eine
höhere Versagerquote zu erwarten als tatsächlich beobachtet wird.

10.10   Spezifität des Anti-D

Da mit der Anti-D-Prophylaxe nur die Stelle des D-Antigen blok-
kiert wird, kann man bei flüchtiger Betrachtung annehmen, daß die
anderen antigenen Determinanten der roten Blutkörperchen fähig wären, die zugehörige Antikörperbildung anzuregen. Andererseits ist
möglich, daß die Blockierung einer einzelnen Antigen-Stelle die
Zellen schädigt, so daß alle Determinanten unterdrückt sind. Dies
scheint der Fall zu sein, wenn zwischen Mutter und Kind eine ABO-
Unverträglichkeit besteht; hier wird die Rh-Sensibilisierung
(Immunisierung) unterdrückt. Um diese beiden Hypothesen zu prü-
fen, wurde das Liverpooler "Kell"-Experiment geplant. ("Kell"
wird ein weiteres Blutgruppensystem der roten Blutkörperchen genannt.) Dabei wurde folgendes gefunden: Wurde Kell-negativen, Rh-
negativen Personen, denen Kell-positive, Rh-positive Zellen in-
jiziert worden waren, Anti-Kell gegeben, so wurde nicht nur die
Produktion von Anti-Kell, sondern auch die von Anti-Rh-Antikör-
pern verhindert. Auf diese Weise wurde eine Unspezifität jedenfalls für diese beiden Blutgruppensysteme nachgewiesen. Dies
Prinzip könnte Anwendung finden, um bei Transplantationen das Ab-
stoßen des fremden Gewebes zu verhindern. Beispielsweise sollten
Antikörper, die sich gegen eine Determinante auf den Spenderzel-
len richten, die Immunreaktion auf andere anwesende Determinanten unterdrücken.

10.11   Plasmapherese

Bei sensibilisierten Frauen kann der Antikörpertiter durch wie-
derholtes Entfernen von Plasma erniedrigt werden; die roten Blutkörperchen werden dabei ersetzt. Die Nützlichkeit dieser Maß-
nahme ist noch nicht überzeugend nachgewiesen, aber alle Anzeichen weisen darauf hin. Die Plasmapherese sollte Patienten mit
einer sehr schlechten geburtshilflichen Vorgeschichte vorbehalten bleiben, denn sie erfordert ein häufiges Aufsuchen eines
Transfusionszentrums während eines großen Teiles der Schwangerschaft.

10.12 <u>Hämolytische Erkrankung des neugeborenen Fohlens</u>

Pferde haben ganz andere Blutgruppensysteme als Menschen. Trotzdem wird die hämolytische Erkrankung des neugeborenen Fohlens
im wesentlichen durch einen ähnlichen Inkompatibilitätsmechanis-
mus verursacht wie bei Menschen. Die Antikörper der Stute gehen
aber nicht durch die Plazenta, sondern werden mit der Kolostral-
milch, der ersten Milch, vom Fohlen aufgenommen. Sie ist innerhalb der ersten 36 Stunden hoch toxisch. Ist bekannt, daß eine
Stute immunisiert ist, so kann das Fohlen am Saugen gehindert
werden, und die Krankheit ist dann kein Problem. Zur Zeit laufen
Forschungsarbeiten, welche feststellen sollen, ob die Immunisierung zu verhindern ist, wenn der Stute nach dem Fohlen geeignete
Antikörper gegeben werden - wie beim Menschen.

Maßgebliche Arbeiten über die Entdeckung der Rh-Blutgruppen, die
Behandlung der hämolytischen Erkrankung Neugeborener und die Ent-
wicklung der Prophylaxe sind veröffentlicht und kommentiert bei
C l a r k e   (1975).

11.   Genetische Ratschläge für Patienten

11.1 Allgemeines

Mit der Verbreitung medizinischen Wissens wächst der Wunsch, in
die Zukunft zu blicken. Am häufigsten kommen gesunde Eltern, die
unerwarteterweise ein krankes Kind bekommen haben, um sich über
das Risiko für die nachfolgenden Kinder zu informieren. Andererseits kommen Paare, die heiraten wollen und wegen des Risikos für
ihre Nachkommen Rat suchen, weil sie aus einer kranken Familie
stammen oder weil sie einen Verwandten ersten Grades heiraten wollen. Zum dritten kommen Eltern, die von einem dunklen Punkt in
ihrer Familie wissen, und fragen, ob das Unheil bei ihren Enkeln
abzuwenden sei. Dabei muß man sich im Klaren sein, daß sie nicht
selten medizinische Rückendeckung gegen eine Verehelichung ihrer
Kinder wünschen, die ihnen aus anderen Gründen mißliebig ist.

Genetische Ratschläge sollten immer im Sinne von Wahrscheinlich-
keitsaussagen gemacht werden und niemals als gesicherte Vorher-
sagen. Durch das Fußballtoto ist dies heutzutage den Patienten
durchaus verständlich. Ein hilfreiches Beispiel - wenn es auch
erschreckend wirkt - kann sein, daß bei einer von drei Schwangerschaften entweder eine Fehlbildung oder eine schwere intraute-
rin entstandene Entwicklungsstörung vorkommt, z. B. Hasenscharte,
Spina bifida, angeborener Herzfehler, Schwachsinn. Der Ausdruck
"angeboren" (congenital) bedeutet nicht vererbt, sondern heißt,
daß die Fehlbildung bei der Geburt erkennbar ist.

11.2 Krankheitsbilder mit relativ genauer Risikoangabe

Einigermaßen genaue Angaben können nur in wenigen Fällen gemacht
werden, und zwar bei denjenigen, die einen klaren Mendelschen Erbgang zeigen. Aber auch diese können das Studium vieler Stammbäume
nötig machen. Den meisten Menschen ist in diesen Fällen das Risiko für ihre Nachkommen zu groß. Nachfolgend einige Beispiele:

a) Bei einem autosomal dominanten Leiden (z. B. Chorea Huntington,
s. S. 15) ist die Chance für jeden Nachkommen, das Leiden zu bekommen, 1 zu 2, wenn einer der Eltern befallen ist. Für die nachfolgenden Geschwister ist das Risiko gleich, - der Zufall erinnert
sich nicht.

b) Wird ein Kind mit einem rezessiven Merkmal geboren (s. Cystische Pankreasfibrose, S. 17), so ist das Risiko für die nachfolgenden Geschwister, ebenfalls von der Erkrankung befallen zu sein,
1 zu 4. Das Gleiche gilt für die Phenylketonurie. Der Verlust des
Enzyms Phenylalanin-Hydroxylase, das normalerweise Phenylanin in
Tyrosin umwandelt, verursacht geistige Behinderung. Hierzu einige
ergänzende Bemerkungen: Durch Behandlung (Diät mit niedrigem
Phenylalaningehalt) können Patienten überleben und betroffene Mädchen sogar heiraten. Im allgemeinen werden ihre Ehemänner gesund
und ihre Kinder daher, obwohl heterozygot, wie erwartet phänotypisch unauffällig sein. Unlängst wurde jedoch festgestellt, daß
das Phenylalanin der betroffenen Mutter (die oft die genaue Diät
während der Schwangerschaft nicht einhält), die Placentarschranke
durchbrechen kann und alle Kinder geistig behindert sind, obwohl
sie nicht im eigentlichen Sinne an Phenylketonurie erkrankt sind.

c) Wird ein Leiden durch ein X-gekoppeltes rezessives Gen (z. B.
Hämophilie) verursacht (s. S. 23) und heiratet ein betroffener
Mann eine gesunde Frau, so werden alle seine Töchter Konduktorinnen, die Söhne aber gesund sein. Von den Töchtern einer Kon-
duktorin werden die Hälfte ebenfalls Konduktorinnen und die andere Hälfte Nichtgenträgerinnen, die Hälfte der Söhne krank und
die andere Hälfte gesund sein. Wenn bei einem Hämophiliekranken
keine familiäre Belastung vorliegt, ist es wichtig, die für die
Angehörigen ziemlich traurige Prognose solange nicht zu erwäh-
nen, bis eine Mutation ausgeschlossen werden kann (s. S. 26).
Wenn dies der Fall wäre, würde keine der Schwestern des Patienten
Trägerin sein. Dieses Problem zu entscheiden, kann sehr schwierig
sein, und Erkundigungen über das Leiden bei Onkeln und Großonkeln
mütterlicherseits sind sehr wichtig.

d) Bei Translokationen, die Mongolismus verursachen, ist die

Wahrscheinlichkeit, daß ein Kind eines Translokationsträgers erkrankt, weniger als 1 zu 4 (s. S. 93).

11.3 Krankheitsbilder mit empirischem Risiko

Im Gegensatz zu dem oben Erörterten zeigt die Familienanamnese
oft, besonders bei ganz alltäglichen Krankheiten, daß eine genetische Komponente für die Erkrankung vorliegt, die in nicht
klar erkennbarer Weise übertragen wurde. Dies mag verschiedene
Gründe haben:

a) Das Leiden kann durch viele Gene determiniert sein (polygene
   Vererbung, wie z. B. Körpergröße).
b) Die Umwelt kann teilweise dafür verantwortlich sein (multifaktorielle Vererbung).
c) Das Leiden kann durch Heterogenie mit verschiedenen Faktoren
   in den einzelnen Untergruppen eines Leidens bedingt sein.

In diesen Fällen ist das Risiko empirisch, d. h., die "Wahrscheinlichkeit für ein bestimmtes Ereignis, die mehr auf früheren Erfahrungen und Beobachtungen basiert als auf der Vorhersage
durch eine allgemeine Theorie" (H e r n d o n , 1962).

Das empirische Risiko für die Zukunft ihrer Kinder ist gewöhnlich
so gering, daß es von den Eltern akzeptiert wird. Ein grober An-
haltspunkt in diesen Fällen ist, daß die Wiederholungsrate an-
nähernd gleich der Quadratwurzel der Verbreitung in der Allgemein-
bevölkerung ist. Da die Häufigkeit der meisten multifaktoriellen
Erkrankungen zwischen 1 zu 500 und 1 zu 2.000 liegt, ist die Wiederholungsrate gewöhnlich zwischen 2 und 5 % (E m e r y , 1955),
für Hüftgelenksluxation also 4 %, für Pylorusstenose 2 %, wenn
der Indexfall männlich, 10 %, wenn er weiblich ist (s. S. 32),
für Anencephalie und Spina bifida über 3 %.

11.4 <u>Bemerkungen zu diesen Erkrankungen</u>

a) Angeborene Hüftluxation

Kinder mit diesem Leiden werden mit sehr unterschiedlichem Schweregrad der Krankheit geboren, er reicht von kleinen röntgenologischen Veränderungen im Acetabulum (Hüftgelenkspfanne) bis zu schweren Schäden, die das Hüftgelenk funktionsunfähig machen. Verschiedene Faktoren müssen als Ursache angenommen werden. Zwei von ihnen sind genetisch: eine davon greift an der Entwicklung des Acetabulums an (wahrscheinlich multifaktoriell bedingt), die andere erzeugt vermehrte Schlaffheit aller Gelenke (ein dominantes Merkmal). Außerdem gibt es eine Umweltkomponente, hervorgerufen durch die intrauterine Lage.

b) Hypertrophische Pylorusstenose (s. S. 33)

Dieses Leiden kommt besonders bei männlichen Säuglingen vor. Der Sphinkter (Schließmuskel) zwischen Magen und Jejunum ist verdickt, wodurch es zu starkem Erbrechen kommt. Eine einfache Operation, bei der der Muskel durchtrennt wird, führt gewöhnlich zu gutem Ergebnis. Es ist eine interessante Beobachtung, daß betroffene Kinder anschließend eine besonders gut ausgebildete Muskulatur haben.

c) Anencephalie und Spina bifida

Anencephalie und Spina bifida sind Abnormitäten des Zentralnervensystems, die zusammen einen Großteil angeborener Fehlbildungen ausmachen. Bei der Anencephalie ist ein Teil des Schädels und des Gehirns fehlentwickelt, und die Kinder sind deshalb nicht lebensfähig. Spina bifida ist ein Defekt der Wirbelsäule, durch den ein Teil des Rückenmarks und seiner Häute hervortritt. Manchmal ist der Defekt nur gering, aber in anderen Fällen sind die Nervenwurzeln so geschädigt, daß die unteren Extremitäten geschwächt und gelähmt sind. Die Frage nach der Ursache von Anencephalie und Spina bifida hat viele Forschungsarbeiten angeregt. Es wurden Umweltfaktoren, z. B. die Kartoffel, sowie genetische

Einflüsse dafür verantwortlich gemacht. Aber das Problem bleibt ungelöst. Es scheint jedoch möglich, daß die intrauterine Umgebung vor der Geburt eines Kindes mit Fehlbildungen anomal ist. Denn Frauen, die ein krankes Kind geboren haben, haben wahrscheinlich häufiger Fehlgeburten unmittelbar vor als unmittelbar nach der Geburt eines solchen gehabt (in den Fällen, in denen sie Schwangerschaften sowohl vorher als auch nacher gehabt hatten) (C l a r k e et al., 1975).

11.5 Heterozygotennachweis

Es ist äußerst wichtig, den Träger einer Erkrankung, in diesem Falle eines X-gekoppelten Leidens, zu ermitteln, um z. B. die Schwester eines Mannes mit Hämophilie zu beraten. Tab. 6 gibt die Krankheiten und die sie bedingenden Faktoren an. Dabei ist es wichtig, das Geschlecht des Säuglings zu kennen.

Die Ermittlung eines Genträgers hat bei seltenen autosomal rezessiven Merkmalen geringe praktische Bedeutung (anders als bei der Suche nach einem Homozygoten wie bei der Phenylketonurie). Aber bei den häufigeren Erkrankungen, wie z. B. der Thalassaemie, ist ein "screening", wie es in der italienischen Bevölkerung durchgeführt wurde, hilfreich, um Genträger, die heiraten wollen, zu erkennen. Der Methode liegen Messungen der osmotischen Resistenz roter Blutkörperchen zugrunde. Diese ist bei den Heterozygoten vermindert.

Die cystische Pankreasfibrose, die in Europa und in den USA ziemlich verbreitet ist, könnte zu einer ähnlichen Kathegorie gehören, aber z. Z. gibt es noch keine brauchbare Methode zum Nachweis eines Genträgers.

Tabelle 6: Überträgernachweis bei X-gekoppelten Krankheiten

Krankheit	Veränderung
Hämophilie A (s. S. 23)	Faktor VIII reduziert*
Haemophilie B	Faktor IX reduziert
G6PD Mangel (s. S. 49, 102)	Erythrozyten - G6PD reduziert
angeborene Agammaglobulinaemie[1,**]	in vitro Immunglobulinsynthese in den Lymphozyten reduziert
Lesch-Nyhan-Syndrom[2]	Hypoxanthin-Guaninphosphoribosyl Transferase in Hautfibroblasten reduziert. Zwei Zellpopulationen
Hunter-Syndrom[3]	Sulfatanreicherung in Hautfibroblasten. Zwei Zellpopulationen
Albinismus oculi	fleckenartige Depigmentation von Retina und Iris
Vitamin D-resistente Rachitis (Hypophosphataemie)[4]	Serumphosphat vermindert
Muskeldystrophie Typ Duchenne[5]	Serum-Kreatinphosphokinase erhöht
Muskeldystrophie Typ Becker[6]	Serum-Kreatinphosphokinase erhöht
Nephrogener Diabetes insipidus[7]	Urinkonzentration vermindert
Fabry - Syndrom (Angiokeratoma corporis diffusum)[8]	Alpha-Galaktosidase in Hautfibroblasten vermindert. Zwei Zellpopulationen
Anhidrotische ektodermale Dysplasie	Verminderung der Schweißporenzahl

Nach E m e r y (bearbeitet) (1975). Mit Genehmigung des Autors und der Herren Livingstone.

---

* genauer eine Verminderung des Verhältnisses der Aktivität von Faktor VIII im Vergleich zum inaktiven Antigen.

** s. S. 130

<u>Zu Tabelle 6</u>

Erklärung

1. Eine Form von immunologischer Mangelerkrankung. Patienten sind
   gegen bakterielle Infektionen sehr anfällig.
2. Charakterisiert durch geistige Entwicklungshemmung, Selbstver-
   stümmelung und neurologischen Störungen.
3. Eine Form der Mucopolysaccharidose.
4. Eine besondere Form der Rachitis, nicht unbedingt durch Vita-
   min-D-Mangel.
5. Dies ist die schwere Form.
6. Dies ist die leichter verlaufende Form.
7. Charakterisiert durch große Mengen verdünnten Urins aufgrund
   von Nierenanomalien.
8. Erkrankung der Haut und Blutgefäße.
9. Unfähigkeit zur Schweißbildung, Fehlen oder mangelhafte Aus-
   bildung von Zähnen und Nägeln.

Die <u>Amniocentese</u> ist eine Technik, die zum Nachweis eines genetischen Leidens bei einem noch ungeborenen Kind dient. Das Amnion
ist ein flüssigkeitsgefüllter Sack, in dem sich der Embryo entwickelt. Mittels einer Hohlnadel kann etwas Flüssigkeit entnommen werden, in der fetale Zellen enthalten sind (die Flüssigkeit
besteht vorwiegend aus fetalem Urin). An diesen kann mit Hilfe
des Barr-Körperchens das Geschlecht (s. S. 86) erkannt werden. In
einer Zellkultur können chromosomale Anomalien oder biochemische
Defekte untersucht werden, falls Gründe vermuten lassen, daß ein
krankes Kind geboren werden könnte. Außerdem enthält die Amnion-
flüssigkeit manchmal ein vom Fetus stammendes Protein (Alpha-
Fetoprotein). Ist sein Wert erhöht, so liegt sehr wahrscheinlich
ein Neuralrohrdefekt vor. Allerdings können auch andere Fälle ein
positives Resultat geben. Weiterhin läßt sich durch die Methode
bei einer immunisierten Mutter der Antikörpertiter testen. Die
Ergebnisse der Amniocentese sind für die Betreuung der Schwange-
ren und für Entscheidungen während der Schwangerschaft, einschließlich einer möglichen Unterbrechung, sehr hilfreich.

Glossar
========

Allelomorph (Allel): Ein, zwei oder mehr unterschiedliche genetische Merkmale bei gleichem Gen-Locus.

Ansensibilisiert: Sensibilisiert (immunisiert) aber Antikörper
nicht nachweisbar, außer durch Spezialmethoden wie Überlebensdauer von Zellen.

Antigen: Eine Substanz, welche die Bildung eines Antikörpers
(s. dort) stimulieren kann.

Antikörper: Ein Protein, das in einem Lebewesen gebildet wird,
wenn eine bestimmte, normalerweise fremde Substanz (ein Antigen,
s. dort) in seine Gewebe gelangt.

Autosom: Jedes Chromosom außer den Geschlechtschromosomen (X
und Y).

Barr-Körperchen: Kleiner, dunkel anfärbbarer Körper unter der
Kernmembran somatischer Säugetier-Zellen, der bei normalen Frauen
vorhanden ist, aber bei normalen Männern fehlt (s. S. 86).

Cistron: s. S. 46

Crossing-over (Rekombination): Austausch von Genen zwischen homologen Chromosomen, der bei der Meiose stattfindet.

Deletion: Verlust eines Chromosomenstücks.

Dizygote (zweieiige) Zwillinge: Entstehen durch die Befruchtung
zweier getrennter Eizellen zur gleichen Zeit; beide Zwillinge
sind genetisch nicht ähnlicher als Geschwister. Eine andere Art
Zwillinge könnte entstehen, wenn zwei Hälften einer Eizelle von
zwei verschiedenen Spermien befruchtet würden. Wenn dies aufträ-
te, hätten die Zwillinge einen identischen Gensatz von der Mutter, aber unterschiedliche Gensätze vom Vater.

<u>Dominanz</u>: Ein Merkmal heißt dominant, wenn das kontrollierende Gen denselben Zustand im heterozygoten wie im homozygoten Zustand bewirkt. Im medizinisch-klinischen Gebrauch heißt ein Leiden ungenauer auch dann dominant, wenn es bei Heterozygoten in Erscheinung tritt. Die Homozygoten sind oft nicht beobachtet worden.

<u>Drift</u>: s. Gendrift

<u>Expressivität</u>: Der Grad, in dem sich die Wirkung eines Gens ausdrückt. Wenn ein Gen eine Krankheit verursacht, werden einige, die es geerbt haben, schwerer betroffen sein als andere, - z. B. werden bei der Neurofibromatose einige Genträger Hauttumoren, Pigmentationen und Knochenveränderungen haben, während andere nur Pigmentationen zeigen.

<u>Fitness</u> (Synonym: biologische Fitness): Die Fitness eines Individuums wird an der Zahl seiner Nachkommen gemessen, die das fortpflanzungsfähige Alter erreichen. Man sagt, ein Individuum hat die Fitness 1, wenn es zwei solcher Nachkommen hat (nicht einen, da jedes Kind zwei Eltern haben muß).

<u>Gendrift</u>: Die Verschiebung bestimmter Genhäufigkeiten in kleinen Populationen, nicht als Folge von natürlicher Selektion, sondern als Folge der ursprünglichen genetischen Veranlagung der Vorfahren der Population oder durch zufälliges Überleben, wenn eine Population verkleinert wird.

<u>Genotyp</u>: Das genetische Gefüge eines Individuums bezüglich eines Allelenpaars, - ein Individuum mit der Blutgruppe A kann den Genotyp AA oder A0 haben (vgl. Phänotyp, s. dort).

<u>Geschlechtsgebundenheit</u> (Geschlechtskoppelung, X-chromosomale Koppelung): Ein Gen heißt geschlechtsgebunden oder -gekoppelt, wenn es auf dem X- oder Y-Chromosom liegt. Wenn es auf dem nicht paarenden Teil des Y-Chromosoms liegt, kann es niemals durch Crossing-over auf das X-Chromosom gelangen und wird darum immer vom Vater an den Sohn weitergegeben. Wenn ein Gen auf dem X-Chromosom liegt, wird es ein Mann an alle seine Töchter weitergeben und eine Frau sowohl an Söhne als auch an Töchter.

<u>Hardy-Weinberg-Regel</u>: Wenn keine Einflüsse von außen, wie z. B. natürliche Selektion, stören, bleiben die Anteile der verschiedenen Genotypen in der Population in jeder folgenden Generation gleich, vorausgesetzt, daß die bestimmten Gene, die ein Individuum trägt, keinen Einfluß auf die Partnerwahl haben, - d. h. die Partnerwahl muß zufällig sein, Panmixie (random mating).

<u>Heterosis</u>: Gesteigerte Wachstumskraft, Fertilität usw. bei einer Kreuzung zwischen zwei genetisch unterschiedlichen Linien infolge größerer Heterozygotie.

<u>Heterozygot</u>: Der Besitz von zwei verschiedenen Allelen an einander zugeordneten Loci (Orten) eines Chromosomenpaares.

<u>Homologe Chromosomen</u>: Chromosomen, die homolog sind, paaren sich miteinander bei der Meiose und enthalten identische Sätze von Loci (s. dort).

<u>Homozygot</u>: Der Besitz von zwei gleichen Allelen auf den zwei einander zugeordneten Loci eines Chromosomenpaares.

<u>Inversion</u> (chromosomale): Infolge von Aberrationen beim Crossing-over innerhalb von Chromosomen kann ein Chromosomensegment invertieren (sich umdrehen), die Gene erscheinen in falscher Reihenfolge.

<u>Karyotyp</u>: Künstliche Anordnung des Chromosomensatzes zum Vergleich der Morphologie und anschließender Analyse.

<u>Koppelung</u> (linkage): Gene, die auf demselben Chromosom liegen, heißen gekoppelt. Sie werden zusammen vererbt, außer wenn Crossing-over (s. dort) auftritt. Crossing-over tritt um so seltener auf, je näher die Gene zueinander liegen.

<u>Locus</u>: Der Ort auf einem Chromosom, der von einem bestimmten Gen oder von einem Mitglied einer bestimmten Serie von Allelen besetzt wird.

<u>Lyon-Hypothese</u>: Nach der Lyon-Hypothese ist bei den Säugetieren in jeder weiblichen Somazelle eines der X-Chromosomen inaktiv, manchmal das mütterliche und manchmal das väterliche. Aktivität oder Inaktivität wird kurz nach der Zygotenbildung festgelegt; danach sind alle Abkömmlinge einer Zelle dieser gleich.

<u>Monosomie</u>: Es fehlt ein Chromosom eines homologen Paares, das Individuum hat darum nur 45 Chromosomen.

<u>Monozygote (eineiige) Zwillinge</u>: Diese entstehen durch Zweiteilung eines Embryos, der von einer einzigen befruchteten Eizelle abstammt. Solche Zwillinge sind genetisch identisch.

<u>Mosaik</u>: Ein Individuum mit Zellinien oder Geweben, in denen unterschiedliche Chromosomenzahlen oder -zusammensetzungen vorkommen.

<u>Multifaktorielle Vererbung</u>: s. S. 32

<u>Mutation</u>: Plötzliche Veränderung in einem individuellen Gen (s. S. 26) oder in der Struktur eines Chromosoms (z. B. Translokation, s. s. 92).

<u>Non-disjunction</u>: Fehler bei der Mitose oder Meiose, durch den zwei homologe Chromosomen nicht in getrennte Gameten gelangen.

<u>Penetranz</u> (Durchschlagskraft): Man sagt, ein Gen hat volle Penetranz, wenn das von ihm kontrollierte Merkmal bei jedem Träger dieses Gens in Erscheinung tritt. Ein Gen, das ein rezessives Merkmal kontrolliert, heißt voll penetrant, wenn das Merkmal sich gleichbleibend manifestiert, wenn die Gene in doppelter Dosis vorhanden sind.

    Penetranz = Häufigkeit, mit der ein Effekt in der Population
       in Erscheinung tritt
    Expressivität = Grad, bis zu dem Effekte bei einem Individuum
       in Erscheinung treten.

<u>Phänokopie</u>: Eine genaue Kopie eines erblichen Merkmals, die jedoch durch Umwelteinflüsse entstanden ist.

<u>Phänotyp</u>: Die augenscheinliche genetische Veranlagung eines Individuum, z. B. die Information, die man durch Untersuchung eines einzelnen Individuum erhalten kann, ohne Berücksichtigung von irgendwelchen Familien- oder Zucht-Daten (vgl. Genotyp, s. dort).

<u>Pleiotropie</u>: Mehrfache Wirkung desselben Gens. Ein Gen könnte eine Hauptwirkung haben, wie die Kontrolle der Bildung eines Blutgruppen-Antigens, und auch eine geringere Rolle spielen, z. B. bei der Prädisposition für Zwölffingerdarmgeschwür.

<u>Polymorphismus</u>: Das Auftreten von sehr unterschiedlichen erblichen Formen innerhalb einer frei sich paarenden Spezies, wobei die seltenste Form zu häufig ist, um durch "sich wiederholende Mutation" bedingt zu sein.

<u>Proband</u>: Das Individuum, mit dem die Untersuchung eines Stammbaums begann; in der Regel, jedoch nicht immer, ein "betroffenes" Individuum.

<u>Rekombination</u>: (s. Crossing-over).

<u>Rezessiv</u>: Ein Merkmal heißt rezessiv, wenn es sich nur bei den Individuen manifestiert, die für das kontrollierende Gen homozygot sind. Es ist bei Heterozygoten nicht feststellbar (außer manchmal durch spezielle Nachweise).

<u>Spock-Test</u>: Spock und seine Kollegen fanden, daß Kranke und einige Überträger der cystischen Pankreasfibrose ein abnormes Globulin besitzen, das den normalen Bewegungsrhythmus der Cilien im Respirationstrakt der Kaninchen beeinflußt.

<u>Supergen</u>: Bezeichnung für eine Serie von Genen, die auf demselben Chromosom liegen und eng gekoppelt sind. Ihre Vererbung als Einheit hat einen Selektionsvorteil.

<u>Translokation</u>: Diese tritt auf, wenn zwei Chromosomenstücke (unterschiedlicher Größe) von nicht homologen Chromosomen abbrechen und ihre Position tauschen (reziproke Translokation). Als Ergebnis hat ein Chromosom zu wenig und das andere zu viel Chromatin.

<u>Trisomie</u>: Wenn von einem Chromosom drei homologe statt normaler-
weise zwei vorliegen. Das Individuum hat dann 47 Chromosomen.

<u>Xg-Blutgruppe</u>: Eine Blutgruppe, die geschlechtsgebunden vererbt
wird, d. h., die Gene, die das Merkmal kontrollieren, liegen auf
dem X-Chromosom. In den ursprünglich untersuchten Serien waren
61,7 % der Männer Xg(a+) und 38,3 % waren Xg(a-). Bei den Frauen
lagen die Prozentzahlen bei 88,8 % Xg(a+) und 11,2 % Xg(a-). Die
Ursache für den Unterschied zwischen den Prozentzahlen bei Männern und Frauen beruht darauf, daß einige der Xg(a+) Frauen heterozygot sind. (R a c e ,   R. R. und   S a n g e r ,   R.: Blood
Groups in Man, 6th Ed., Oxford 1975).

<u>Verwandte ersten Grades</u>: Eltern, Kinder, Brüder und Schwestern.

<u>Zygote</u>: Die befruchtete Eizelle.

Literaturverzeichnis

ALLISON, A. C.: Protection afforded by the sickle-cell trait
against subtertian malarial infection. Brit. med. J.
(1954), $\underline{i}$, 290-294.

BAILEY, N. T. J.: Statistical Methods in Biology. English Uni-
versities Press, London 1959.

BUCKWALTER, J. A., TWEED, G. V.: The Rhesus and MN blood
groups and disease. J. Am. med. Assn. (1962), $\underline{179}$,
479-485.

CARTER, C. O.: Human Heredity. Penguin, Harmondsworth 1962.

CLARKE, C. A., EDWARDS, J. WYN, HADDOCK, D. R. W., HOWEL EVANS,
A. W., McCONNELL, R. B., SHEPPARD, P. M.: ABO blood groups and
secretor character in duodenal ulcer. Population and
sibship studies. Brit. med. J. (1956), $\underline{ii}$, 725-731.

CLARKE, C. A., DONOHOE, W. T. A., McCONNELL, R. B., MARTINDALE,
J. H., SHEPPARD, P. M.: Blood groups and disease: previous trans-
fusion as a potential source of error in blood typing.
Brit. med. J. (1962), $\underline{i}$, 1734-1736.

CLARKE, C. A.: Genetics for the Clinician. 2nd edn. Blackwell,
Oxford 1964.

CLARKE, C. A. (Ed.): Rhesus Haemolytic Disease. Medical and
Technical Publishing Co., Lancaster 1975.

CLARKE, C. A., HOBSON, D., McKENDRICK, OLIVE M., ROGERS, S. C.,
SHEPPARD, P. M.: Spina bifida and anencephaly: miscarriage as
possible cause. Brit. med. J. (1975), $\underline{iv}$, 743-746.

DANKS, D. M., ALLAN, J., ANDERSON, C. M.: A genetic study of
fibrocystic disease of the pancreas. Ann. hum. Genet.
(1965), $\underline{28}$, 323-356.

EMERY, A. E. H.: Elements of Medical Genetics. 4th edn. Livingstone, Edinburgh 1975.

EVANS, D. A. P., MANLEY, H. K., McKUSICK, V. A.: Genetic control
of isoniazid metabolism in Man. Brit. med. J. (1960),
ii, 485-491.

FISHER, R. A.: The Genetical Theory of Natural Selection. Oxford
1930.

FORD, E. B.: The New Systematics. HUXLEY, J. (Ed.), Oxford 1940.

FORD, E. B.: Genetic Polymorphism. All Souls Studies. Faber and
Faber, London 1965.

FRASER, G., MAYO, O. (Eds.): Textbook of Human Genetics. Blackwell Scientific Publications, Oxford 1975.

HAMILTON, M., PICKERING, G. W., FRASER ROBERTS, J. A.,
SOWRY, G. S. C.: The aetiology of essential hypertension. Clin.
Sci. (1954), 13, 11-37 u. 265-273.

HARRIS, H.: Cell Fusion. University Press, Oxford 1970.

HARRIS, H.: Cell fusion and the analysis of malignancy. Proc.
roy. Soc. Lond. B. (1971), 179, 1-20.

HERNDON, C. N.: Empiric risks. In: Methodology in Human Genetics.
BURDETTE, W. J. (Ed.), Holden-Day, San Francisco 1962.

LAWLER, S. D., SANDLER, M.: Data on linkage in Man: ellipto-
cytosis and blood groups, IV, families 5, 6 and 7.
Ann. Eugen. (Camb.) (1954), 18, 328-334.

McKUSICK, V. A.: Human Genetics. 2nd edn. Prentice-Hall, Herts,
1969.

McKUSICK, V. A.: Mendelian Inheritance in Man. 4th edn. Johns
Hopkins University Press, Baltimore 1975.

MIALL, W. E., OLDHAM, P. D.: Factors influencing arterial blood
pressure in the general population. Clin. Sci. (1958),
17, 409-444.

Paris Conference 1971. Standardisation in Human Cytogenetics.
        Birth Defects Original Article Series, 1972, Vol. VIII,
        No. 7. The National Foundation, New York.

PENROSE, L. S.: Natural Selection in Man; some basic problems.
        In: Natural Selection in Human Populations. Pergamon
        Press, London 1959.

PICKERING, G. W.: The nature of essential hypertension. Lancet
        (1959), $\underline{ii}$, 1027-1028.

PLATT, R.: The nature of essential hypertension. Lancet (1959),
        $\underline{i}$, 55-57.

PLATT, R.: Heredity in hypertension. Lancet (1963), $\underline{i}$, 899-904.

RACE, R. R., SANGER, R.: Blood Groups in Man. 6th edn. Blackwell
        Scientific Publications, Oxford 1975.

RENWICK, J. H., LAWLER, S. D.: Genetical linkage between the ABO
        blood group and nail-patella loci. Ann. Eugen. (Camb.)
        (1955), $\underline{19}$, 312-319.

RENWICK, J. H., SCHULTZE, J.: Ann. Hum. Genet. (1965), $\underline{28}$,
        379-392.

ROBERTS, J. A. FRASER: An Introduction to Medical Genetics. 6th
        edn. Oxford University Press, London 1973.

SHEPPARD, P. M.: Natural Selection and Heredity. 4th edn.
        Hutchinson, London 1975.

SØBYE, P.: Heredity in Essential Hypertension and Nephrosclero-
        sis. Ejnar Munksgaard, Copenhagen 1948.

TOVEY, L. A. DERRICK: Prevention of Rh haemolytic disease of
        the newborn. Health Trends (1976), $\underline{8}$, 25-28.

Sachregister

Teubner Studienbücher Fortsetzung

Geographie Fortsetzung

Rathjens: **Die Formung der Erdoberfläche unter dem Einfluß des Menschen**
Grundzüge der Anthropogenetischen Geomorphologie
160 Seiten. DM 24,80

Semmel: **Grundzüge der Bodengeographie**
120 Seiten. DM 24,80

Weischet: **Einführung in die Allgemeine Klimatologie**
Physikalische und meteorologische Grundlagen
2. Aufl. 256 Seiten. DM 28,—

Windhorst: **Geographie der Wald- und Forstwirtschaft**
204 Seiten. DM 28,80

Wirth: **Theoretische Geographie**
Grundzüge einer Theoretischen Kulturgeographie
336 Seiten. DM 32,—

Physik

Bourne/Kendall: **Vektoranalysis**
227 Seiten. DM 19,80

Daniel: **Beschleuniger**
215 Seiten. DM 25,80

Großmann: **Mathematischer Einführungskurs für die Physik**
2. Aufl. 263 Seiten. DM 25,80

Heber/Weber: **Grundlagen der Quantenphysik**
Band 1: Quantenmechanik. VI, 158 Seiten. DM 18,80
Band 2: Quantenfeldtheorie. VI, 178 Seiten. DM 19,80

Kamke/Krämer: **Physikalische Grundlagen der Maßeinheiten**
Mit einem Anhang über Fehlerrechnung. 218 Seiten. DM 19,80

Kneubühl: **Repetitorium der Physik**
XVI, 632 Seiten. DM 29,—

Lautz: **Elektromagnetische Felder**
2. Aufl. 184 Seiten. DM 25,80

Lohrmann: **Hochenergiephysik**
196 Seiten. DM 26,80

Mayer-Kuckuk: **Atomphysik**
Eine Einführung. 233 Seiten. DM 26,80

Mayer-Kuckuk: **Physik der Atomkerne**
Eine Einführung. 2. Aufl. 288 Seiten. DM 25,80

Rohe: **Elektronik für Physiker**
Eine Einführung in analoge Grundschaltungen. 247 Seiten. DM 22,80

Walcher: **Praktikum der Physik**
4. Aufl. 408 Seiten. DM 26,80

Wiesemann: **Einführung in die Gaselektronik**
Grundlagen der Elektrizitätsleitung in Gasen
282 Seiten. DM 25,80

Preisänderungen vorbehalten